[新指導要領対応]

数学Ⅰ

データの分析と

数学B

統計的な推測が

1冊でしっかりわかる本

茨城キリスト教大学准教授
佐々木隆宏

かんき出版

はじめに

●はじめまして

この本の著者の佐々木隆宏です。

教員養成系の大学で算数教育を教えています。大学教員になる以前は大手予備校で数学の講師をしていました。予備校講師時代は衛星放送の授業を担当したり，大学入試用の学習参考書をたくさん書いたり，教員研修の講師をしたり，さまざまな仕事をして楽しかった思い出ばかりです。そういった経験の中で，特に教員研修の講師として学校の先生方の不安や悩みを聞くうちに，教員養成に興味をもつようになりました。そして，少しずつ研究を進めて論文を書き大学教員に転職したのです。

大学教員になってわかったことは，**統計教育がいかに大切か**ということ，**統計の大切さと魅力が生徒に十分に伝わっていない**ことでした。これからの統計は，数学Ⅰの「データの分析」だけではなく，数学Bの「統計的な推測」，新たに必修科目となる「情報」において必要です。そこで，これらの中で特に重要な統計の考え方や知識をわかりやすく書かれた本を書こうと思い立ったわけです。しかし，統計分野の学習のしかたは，数学の他の分野と学び方が異なります。ですから，勉強してもあまり実力がついたという実感がない，という声を本当に多く聞きます。では，どのように勉強したらよいのでしょうか？　この点について少しお話ししたいと思います。

●統計は数学の他の分野と学び方が違う

数学は，答えが１つに決まっていたり，手順に従えば解けます（もちろん，そうではない場合もあります）。だから，意味がわかっていなくても，テスト前にやり方を覚えれば切り抜けることができるでしょう。しかし，高校における統計の分野は，複雑な式が多く，式も長いことが多いので，覚える前に挫折する可能性が高くなります。

それでは，統計の分野をどのように勉強すればよいのでしょうか？まずは，**式の意味を理解すること**。次に，**実際に使ってみて「なるほど」という経験を多く積む**ことです。このことは数学の他の分野の勉強にもあてはまりますが，統計の分野の場合は特に大切なことです。このことを念頭において，以下に具体的な学習手順についてお話しします。

●はじめに「なんとなく」サッと読み流す

統計は，データを集めて集団の「特徴や傾向」を知るための道具です。つまり，「こんな特徴があるよね」だとか「こんな感じだよね」といったように**不確実なものを扱います**。そこで，まずは細かいことにとらわれずに「なんとなく」**サッと読み流してください**。学習内容の全体像を把握しておくことが，学習の成果によい影響を与えるという研究もありますので，一通り読み流すことは効果的です。

●次に「計算しながら」読む

次に，本書の**説明中の計算を行いながら読む**ことで，自分が理解している部分と，理解が曖昧な部分，まったくわからない部分が明確になります。このとき大切なのは，**覚えようとしない**，ということです。本書にはたくさんの式や用語が出てきますが，それらを暗記しようと思わないでください。**書いてある内容を理解する**ことがポイントです。暗記が目的になると，式も複雑で長いことが多いので，内容理解がおろそかになります。これでは統計の勉強が面白くなりません。

●最後に「自己説明しながら」読む

最後に1テーマごとに読み，書いてある内容を**自分に説明してみてください**。うまく説明できれば内容が理解できている証拠です。書いてある内容を自分に説明することを「**自己説明**」とよびます。自己説明は内容の理解と定着にとても効果的です。

以上の手順で学習すれば，例えば，定期テスト直前や受験勉強において，式を暗記する場合にも，驚くほどスッと頭に入ります。内容を理解したうえで暗記すると，記憶に残りやすいのです。

●この本で学習するメリット

この本を読むことで，高校における統計の分野の内容を理解できることはもちろん，加えて，**数学Aの確率や，情報といった科目の学習にも役立つ知識を学ぶことができます**。

また，統計は，実は，社会に出てから仕事で使う場面が多くあります。日常生活でも統計的な情報が溢れかえっています。そのようなとき，本書の内容をもとにして，さらに高度な統計の内容を学ぶことができるでしょう。

●最後に

本書を書くときに心がけたことは，高校範囲の統計の内容を**やさしく，やさしいことを深く，深いことを面白く**しようということです。果たしてそれが実現できたかどうかは読者の皆さまのご判断によります。

最後に，かんき出版の荒上和人さん，オルタナプロの北林潤也さん，駿台予備学校の齋藤大成先生，東京経営短期大学の佐々木郁子先生，その他，本書制作に関わってくださった多くの皆さまに感謝申し上げます。

2021年８月　佐々木隆宏

本書の特長と使い方

①はじめに「なんとなく」サッと読み流す

→まずは細かいことは気にせずに，サッと通して読んでください。
はじめに全体に目を通すことで，高校で学ぶ統計の学習内容の全体像をつかみましょう。

②次に「計算しながら」読む

→全体像をつかんだら，次は，実際に問題を解きながら読み進めましょう。
問題を解くことで，理解できているか，それとも少し理解が不足しているかがわかります。理解不足の内容がみつかったら，もう一度，本文を読み返しましょう。

③最後に「自己説明しながら」読む

→テーマごとに読む⇒計算する⇒本を閉じる⇒そして，最後に内容を声に出して説明してみましょう！
だれかに説明してもいいのですが，自分自身に説明するのも効果的です。うまく説明できたらOK！
もし，説明につまってしまったら，それは理解が不足している証拠なので，もう一度本文に戻りましょう。これを繰り返すことで，本書の内容が確実に身につきます。

『データの分析と
統計的な推測が１冊でしっかりわかる本』

もくじ

第1章 代表値とグラフの基本

第2章 2種類のデータの間の関係

第3章 確率分布と統計的な推測の準備

第 4 章 確率分布

第 5 章 統計的な推測

カバーデザイン ● 喜來詩織(エントツ)

本文デザイン ● 二ノ宮匡(ニクスインク)

本文イラスト ● 坂木浩子(ぽるか)

DTP ● フォレスト

編集協力 ● 北林潤也(オルタナプロ),
齋藤大成(駿台予備学校)

第1章

代表値とグラフの基本

日常生活や勉強の中にも，統計に関するグラフや数値があふれています。それらから何を読み取って，どのように判断するか，また何に注意する必要があるかといった統計に関する基本を学びます。

テーマ 1

データの種類とグラフ

【1】 データの種類

「統計なんてデータを集めて平均でも計算すればいいんじゃないの？」と考えている人もいるのではないでしょうか。しかし，統計では集めるデータの種類によって分析の方法が異なります。例えば，好きなフルーツをみんなに質問して，

りんご　みかん　メロン　イチゴ　メロン

というデータが得られたとします。これらのデータは数字のデータではなく名前のデータなので，平均を計算することができません。このように，統計では扱うデータによって分析の方法が異なります。そこで，代表的なデータの種類を整理しておきましょう。

【統計のツール 1-1】 データの種類

① 量的データ　：身長やテストの点数のような数字のデータ
② 質的データ　：好きな食べ物のような文字のデータ
③ 時系列データ：気温のように時間の経過により変化するデータ

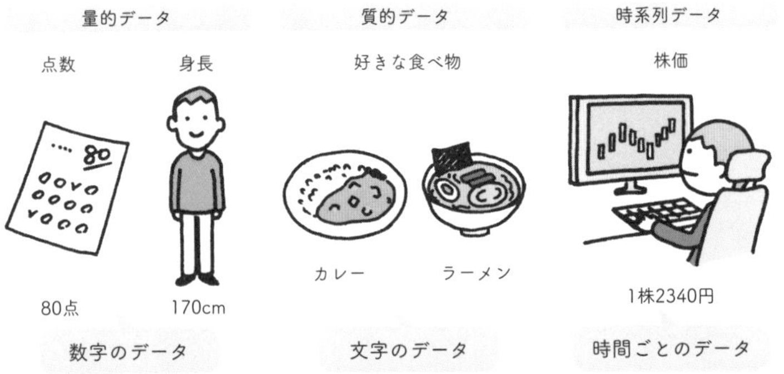

量的データ
点数
身長
80点
170cm
数字のデータ

質的データ
好きな食べ物
カレー
ラーメン
文字のデータ

時系列データ
株価
1株2340円
時間ごとのデータ

＊ ③の多くは①に含まれるとみなすことができる。

【2】 基本的な統計グラフ

集めたデータの特徴を分析する場合，数字や文字が並ぶだけではよくわからないので，グラフに表して視覚的にデータの特徴をとらえます。そこで，統計グラフが何を語っているか読み取る練習をしましょう。

問題1－1　棒グラフ　～「多い少ない」を読む～

ムーンバックスコーヒーでアルバイトをしているハナコさんは，どのメニューが売れているかを調べた。1日の営業時間における販売個数を調べ，下の棒グラフに表した。

(1)　最も売れている商品は何か。

(2)　2番目に売れている商品は何か。

1日の販売個数

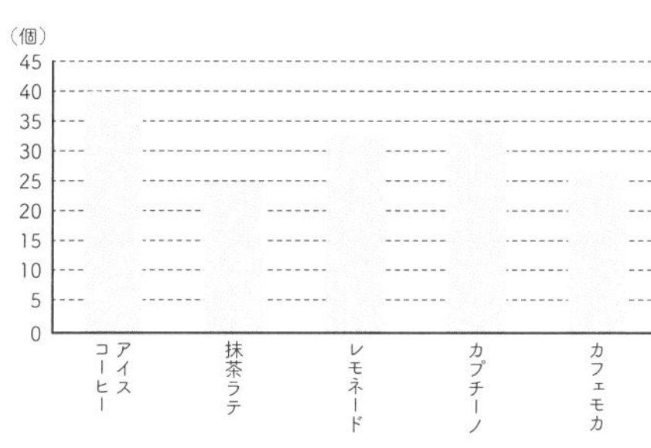

【統計のツール1－2】 棒グラフの読み方

- 棒グラフは「棒の高さ」に注目して「大小」を比較する。

［解答］

(1)　棒の高さがいちばん高い商品が最も売れている商品だから，アイスコーヒー。

(2)　棒の高さが2番目に高い商品が2番目に売れている商品だから，カプチーノ。

問題 1－2　折れ線グラフ　～「変化」を読む～

ムーンバックスコーヒーでアルバイトをしているハナコさんは，高校１年からアルバイトをはじめて６年たつ。時給の変化を下の折れ線グラフに表す。

(1)　前年より時給が減った年はいつか。

(2)　時給の変化が最も激しかったのは何年から何年の間か。

(3)　時給の変化について全体的にどのような傾向が読み取れるか。

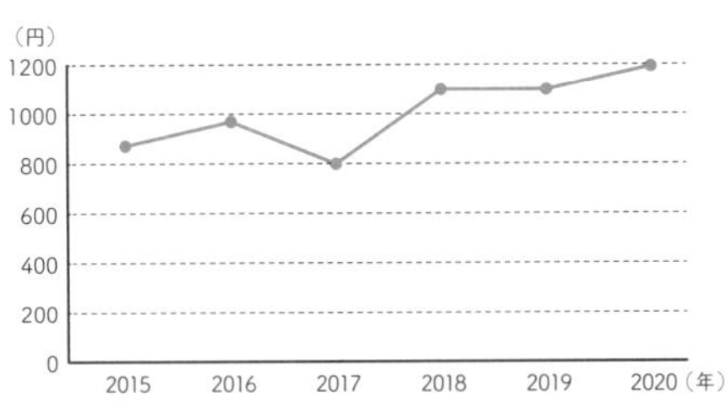

【統計のツール 1-3】　折れ線グラフの読み方

- 折れ線グラフは，線分の「傾き」に注目して「変化」を読み取る。

折れ線グラフからは「変化」を読み取ることができます。折れ線の傾きが急なところの変化が激しく，逆に傾きが緩やかなところでは変化が緩やかになっています。

〔解答〕

(1)　前年より時給が減った年はグラフで右下がりの右側を読み取ればよく，2017 年。

(2)　時給の変化が最も激しかったのは傾きが急なところだから，2017 年から 2018 年の間。

(3)　全体的に右上がりだから，増加する傾向がある。

問題1−3　円グラフ　〜「割合」を読む〜

下のグラフは，ハナコさんのアルバイト先のムーンバックスコーヒーを利用する客の年齢層を円グラフに表したものである。

(1)　いちばん割合が多い年代はどの年代か。

(2)　3番目に割合が多い年代はどの年代か。

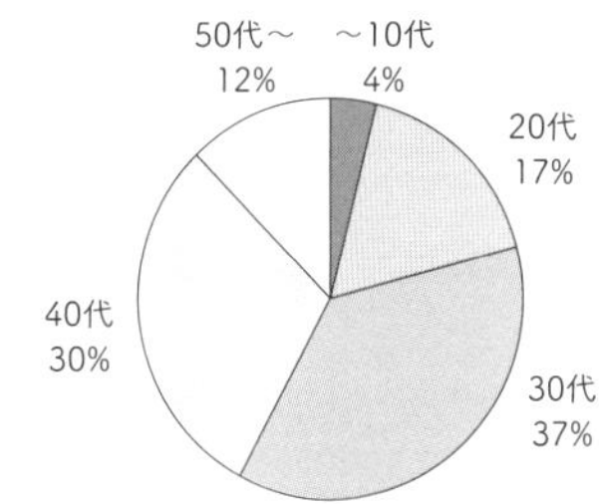

円グラフからは「割合」を読み取ることができます。割合は扇形の面積（広さ）で表されているので，面積が大きいところの割合が大きく，逆に面積が小さいところの割合は小さくなっています。

【統計のツール1−4】　円グラフの読み方

- 円グラフは，「扇形の面積」を比べて「割合」を比較する。

〔解答〕

(1)　いちばん割合が多い年代は，面積が最も大きい扇形だから，30代。

(2)　3番目に割合が多い年代は，面積が3番目に大きい扇形だから，20代。

問題1－4　帯グラフ　～「割合」を読む～

ムーンバックスコーヒーは2018年と2020年の7月1日に売れた商品の割合を下の帯グラフに表した。グラフをみた店長が「レモネードの販売個数は減った」といった。この発言は正しいか。

7月1日の販売個数割合

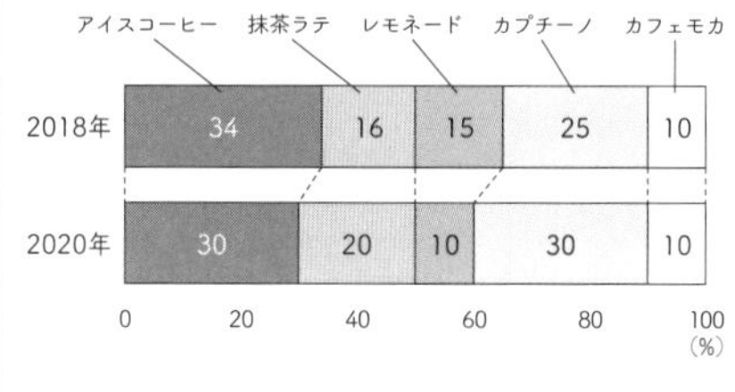

＊2018年7月1日の販売個数は100個，2020年7月1日の販売個数は1000個。

帯グラフも円グラフと同じで割合を表していますが，帯グラフの方は長方形なので並べて割合を比べるのに適しています。しかし，実際の数はみた目ではわからないところに注意が必要です。

〔解答〕

レモネードの「割合」は，2018年は15％，2020年は10％なので，5％（5ポイントともいう）減っているといえます。しかし，店長は「販売個数」について発言しているので販売個数を求めると，

2018年は100個の15％（0.15倍）だから，$100 \times 0.15 = 15$〔個〕

2020年は1000個の10％（0.1倍）だから，$1000 \times 0.1 = 100$〔個〕

割合を比べると2020年の方が小さいですが，販売個数は2020年の方が多いことがわかります。つまり，店長の発言は正しくありません。

【統計のツール1–5】帯グラフの読み方

① 帯グラフは「横の長さ」を比べて「割合」を比較する。

② 「割合」の大小と「実際の数」の大小が異なることがあるから，全体の数にも注意する。

テーマ 2

代表値（平均値・中央値・最頻値）

テーマ１では，集めたデータをグラフで表して，特徴を読み取る練習をしました。このテーマでは，データの特徴を１つの数値で表して読み取ります。有名な数値は平均値，中央値，最頻値で，これらは代表値とよばれています。

【1】 平均値

一般には，データを集めると大きい値や小さい値などが混ざっていてデコボコしています。このデコボコを平(たい)らに均(なら)した値が，小学校以来おなじみの平均値です。データには大きい値や小さい値があるけれども，すべてが同じ値になるようにするといくらになるかというのが平均値です。平均値を求めるには，次のようにすべてのデータの値を加えた値を個数で割ればよかったですね。

$$平均値 = \frac{データの総和}{データの個数}$$

この式をみると，すべてのデータの総和を求めています。だから，平均値はすべてのデータを考えている公平な値ということもできます。

問題 2－1

次のデータは，ある高校のＡ組とＢ組の数学のテスト結果である。

Ａ：65　60　55　70　50　　Ｂ：65　60　55　70　0

(1)　Ａ組の平均点を求めよ。　　(2)　Ｂ組の平均点を求めよ。

［解答］

(2)では，「0」も１つの立派なデータとして計算式に取り入れます。

(1)　$(65+60+55+70+50) \div 5 = 60$〔点〕

(2)　$(65+60+55+70+0) \div 5 = 50$〔点〕

外れ値が含まれる場合の平均値の扱い

平均値は，集めたデータの特徴を表す中心的存在です。A組の平均60点は，A組の特徴を表しています。しかし，B組の平均点50点はB組の特徴を表しているといえるでしょうか。B組の5つのデータのうち，65点，60点，55点，70点はいずれも平均点を上回り，0点は平均点より大きく下回っています。これではB組の特徴を表しているとはいえない気もします。

A組：50　55　60　65　70
平均60点　⇒データ全体の特徴を表している

ほとんどのデータが平均より上
B組：0　55　60　65　70
平均50点　⇒データ全体の特徴を表している??

なぜB組の特徴を表していないかというと，他のデータよりも極端に小さい0点が含まれているからなのです。平均値は，すべてのデータを考えることから，このようなデータの影響を受けやすいという特徴があります。

他のデータよりも極端に小さい，あるいは大きいデータのことを外れ値とよびます。外れ値がある場合，外れ値を取り除いて平均を求めたり（65，60，55，70の4つのデータの平均を求めると62.5〔点〕），この後に説明する中央値を求めたりします。

しかし，外れ値は（取り除いたりすることから）決して悪い値ではなく，何か特別な特徴があることのサインだったりします。だから，外れ値は大切な分析対象になることもあります。

【統計のツール2−1】　平均値の意味・求め方・注意点

［意　味］平均値は，すべてのデータを平（たい）らに均（なら）して得られる公平な値。
［求め方］平均値＝(データの総和)÷(データの個数)
［注意点］平均値は外れ値の影響を受けやすい。

【2】 中央値

問題2−2

次のデータは，ある高校のA組とB組の数学のテスト結果である。

A：65　60　55　70　50

B：65　60　55　70　0　50

(1) A組の中央値を求めよ。　　(2) B組の中央値を求めよ。

データを小さい順（あるいは大きい順）に並べたときに真ん中にある値のことを中央値といいます。中央値は中央の値だけに注目するので，平均値のように外れ値の影響を受けにくいです。また，中央値は，データの個数が偶数個か奇数個かによって求め方が異なります。

［解答］

(1) データの個数が奇数個の場合

データの個数が奇数個の場合，真ん中には1つしか数がないので，それが中央値です。

この場合，中央値は60点ですね。　50　55　60　65　70

(2) データの個数が偶数個の場合

データの個数が偶数個である場合，真ん中には2つの数があります。この場合，2つの数の平均57.5が中央値です。

0　50　55　60　65　70　⇒ (55＋60)÷2＝57.5

【統計のツール2−2】 中央値の意味・求め方

［意　味］中央値はデータを順に並べたときの「真ん中」の値。

［求め方］データを小さい順（あるいは大きい順）に並べる。

奇数個のデータなら「真ん中にある1つのデータ」

偶数個のデータなら「真ん中にある2つのデータの平均」

【3】 最頻値

問題 2－3

右の表は20人のクラスで5点満点の小テストを行った結果である。最頻値を求めよ。

点数	0	1	2	3	4	5
人数	1	3	5	6	4	1

最も頻度の高いデータを最頻値といいます。最頻値はデータの値を表すのであって，頻度（何人とか何回とか）を表すわけではありません。

［解答］

表は，小テストの点数と人数（度数）を表にまとめたもので，度数分布表といいます。度数分布表をみると，人数がいちばん多い（最も頻度の大きい）のは6人で，点数（データの値）は3点です。したがって，最頻値は3［点］です。上でも注意しましたが，6［人］ではありません。

度数分布表をもとにつくったヒストグラムでは，最頻値は最も盛り上がっている部分のデータの値（縦軸の値ではなく横軸の値）です。

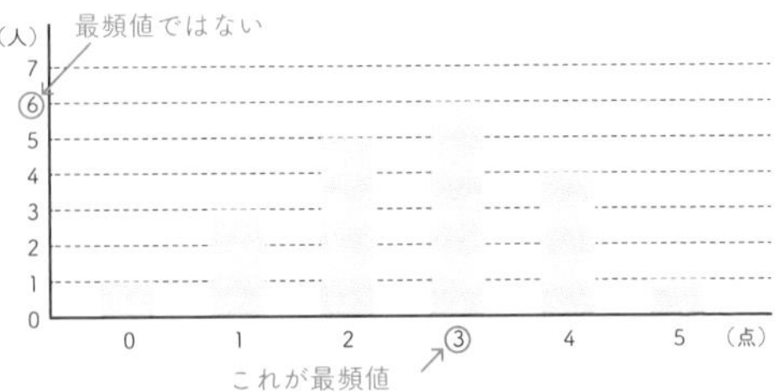

【統計のツール 2－3】 最頻値の意味・求め方・注意点

［意　味］最も出現頻度の高いデータの値。

［求め方］度数分布表なら最も度数の大きいところのデータを，ヒストグラムなら最も盛り上がっているところのデータを読み取る。

［注意点］最も大きい「度数」（頻度）を答えないようにする。

テーマ3 度数分布表とヒストグラム

【1】 度数分布表とヒストグラム

統計では，データを集めただけだと，数字や文字が並んでいるだけで，集団の特徴や傾向はわかりません。例えば，下の表は小学校6年生100人の握力のデータです。これらは数字が並んでいるだけなので，全体の特徴や傾向を読むことは難しいですね。そこで，テーマ1・2でも説明したように，表やグラフをつくったり，代表値を求めるなどして全体の特徴や傾向をとらえようとします。テーマ3では，集めたデータをヒストグラムや度数分布表で表してみましょう。

性別	握力[kg]	性別	握力[kg]	性別	握力[kg]	性別	握力[kg]
男	22	男	26	女	16	男	24
男	23	女	18	男	24	男	27
男	18	女	13	女	16	男	20
女	15	男	27	男	25	女	14
女	18	男	26	男	18	女	15
男	22	女	15	男	25	女	18
男	27	女	15	女	16	女	20
女	15	男	24	女	21	男	20
男	25	女	18	男	21	女	18
男	23	女	12	女	18	男	22
男	23	女	13	男	21	女	14
男	21	女	14	男	18	女	11
女	10	男	23	男	23	女	13
男	23	男	18	女	14	女	14
女	18	男	21	女	15	女	18
男	22	男	23	男	24	女	18
女	14	男	18	男	21	女	16
男	24	女	18	男	25	男	25
女	15	男	27	男	23	女	14
男	25	女	15	男	24	男	27
女	20	女	11	男	25	男	22
男	23	女	18	男	20	女	18
女	12	女	12	女	18	男	24
女	15	女	20	男	23	女	16
女	16	女	18	男	26	女	16

【統計のツール3−1】 集めたデータの整理の方法

【方法１】表やグラフで表す（度数分布表やヒストグラムなど）。
【方法２】特徴や傾向がわかるような代表値（平均値など）を計算する。

［1］集めたデータを度数分布表で表す

度数分布表は，データを整理する場合によく用いられます。度数分布表をつくる場合には，データをグループ分けすることがポイントです。例えば，右の表は3 kgごとにデータを分けていますが，これを階級の幅といいます。こうして分けられた各グループを階級，各グループに含まれるデータの個数を度数とよびます。

度数分布表

階級［kg］	度数［人］
以上　未満 9 ～ 12	3
12 ～ 15	13
15 ～ 18	16
18 ～ 21	25
21 ～ 24	21
24 ～ 27	17
27 ～ 30	5
合　計	100

［2］集めたデータをヒストグラムで表す

度数分布表ができたら，それをヒストグラムで表します。次ページの図1は，横軸に「握力の数値」，縦軸に「度数」をとったヒストグラムです。棒の高さを比較すれば，どの階級の人数が多いかが一発でわかるところがヒストグラムの魅力といえるでしょう。

【2】 同じデータでもヒストグラムが違って見える!?

とても便利なヒストグラムですが，実は注意しなければならないことがあります。それは，階級の幅を変えるとグラフの概形が違ってみえてしまうことがあるのです。例えば，握力のデータについて，階級の幅を2 kgに変えてヒストグラムを描くと図2のようになり，階級の幅が3のヒストグラム（図1）と比べても形が明らかに違いますね。階級の幅を2にして描いたヒストグラムは2か所で盛り上がっています。

このように，階級の幅を変えるとグラフの特徴が違ってみえる場合は，グラフから読み取る内容も違ってしまいます。だから，ヒストグラムをみるときは，階級の幅にも注意を向けることが大切ですね。

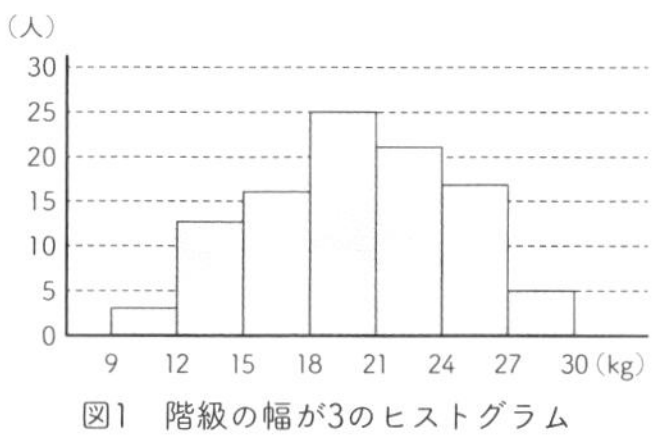

図1　階級の幅が3のヒストグラム

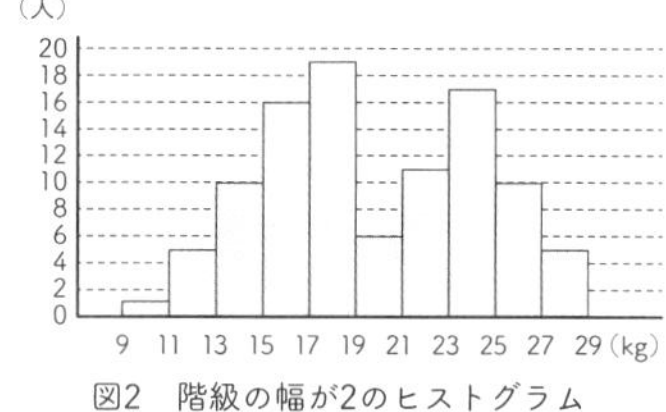

図2　階級の幅が2のヒストグラム

同じデータなのに，階級の幅が違うとヒストグラムも異なる概形になることがある

さて，図2のヒストグラムでは盛り上がっているところが2か所ありました。このように盛り上がっているところが2か所以上ある分布を多峰性のある分布といい，盛り上がっているところが1か所の分布を単峰性のある分布とよぶことがあります。多峰性のある分布の場合，異なった種類のデータが混じっている可能性があります。このような場合には，例えば，下の表のように100人の小学生の握力データを男女別で整理するなどしてヒストグラムを描いてみると，次ページのように単峰性のある分布（ヒストグラム）になります。このようにデータをグループで整理する操作を層別とよびます。

男子についての度数分布表

階級 [kg]	度数 [人]
以上　未満 17 ～ 19	5
19 ～ 21	3
21 ～ 23	10
23 ～ 25	17
25 ～ 27	10
27 ～ 29	5
29 ～ 31	0
合計	50

女子についての度数分布表

階級 [kg]	度数 [人]
以上　未満 9～11	1
11～13	5
13～15	10
15～17	16
17～19	14
19～21	3
21～23	1
合計	50

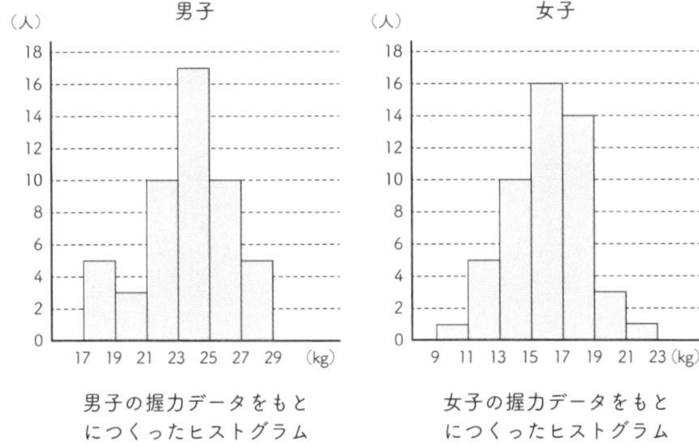

男子の握力データをもとにつくったヒストグラム

女子の握力データをもとにつくったヒストグラム

男女のデータを混ぜてつくった図2のヒストグラムは山が2個でしたが，層別して男女それぞれのヒストグラムをつくると山が1個になりました。

【統計のツール 3−2】 ヒストグラムは階級幅が大切

- 階級の幅を変えると，ヒストグラムが違った概形になることがある。

【3】 度数分布表から平均値を計算する

平均値は，すべてのデータの和をデータの個数で割って求めました。つまり，データの値がしっかりとわかっていなければなりません。ところが，度数分布表には，すべてのデータの具体的な値が書いていないのです。そこで，どうやって平均値を求めるかがポイントになります。

問題 3−1

右の度数分布表は，小学6年生20人の握力のデータをもとに作成したものである。この表から握力の平均値を求めよ。

階級 [kg]	度数 [人]
以上　未満 9 〜 12	3
12 〜 15	12
15 〜 18	5
合　計	20

上で説明しましたが，度数分布表には1人ひとりの具体的なデータが書いてありません。例えば，「9 kg 以上 12 kg 未満」の人は3人いることがわかりますが，それぞれの人の具体的な値はわかりません。仕方がないので，3人とも階級の真ん中の値（階級値とよびます）だと考えます。

〔解答〕

階級値とは階級の真ん中の値のことで，例えば「9 kg 以上 12 kg 未満の階級」の階級値は，

$$(9+12) \div 2 = 10.5 \text{〔kg〕}$$

と計算します。そして，この階級には3人いますが，3人とも階級値 10.5 kg であると考えます。

階級 [kg]	度数 [人]
以上　未満 9 〜 12	3
12 〜 15	12
15 〜 18	5
合　計	20

階級値 10.5 kg が 3 人いる
階級値 13.5 kg が 12 人いる
階級値 16.5 kg が 5 人いる

このように考えると，全員のデータの総和は，

$$(10.5 \times 3) + (13.5 \times 12) + (16.5 \times 5)$$

という式で書くことができます。したがって平均値を求めると，

$$\frac{(10.5 \times 3) + (13.5 \times 12) + (16.5 \times 5)}{20} = 13.8 \text{〔kg〕}$$

【統計のツール 3-3】 度数分布表から平均値を求める

- 平均値 $= \dfrac{(\text{階級値}) \times (\text{度数}) \text{ の総和}}{\text{データの個数}}$

テーマ 4

相対度数・累積相対度数とヒストグラム

【1】 相対度数と累積相対度数

下のグラフは，A 小学校の 6 年生 200 人と B 小学校の 6 年生 400 人の身長データをもとにつくったヒストグラムです。「身長 140 cm 以上 150 cm 未満の児童の数」はどちらの小学校が多いでしょうか。単純にヒストグラムの棒の高さを読み取ると，A 小学校の方は 100 人，B 小学校の方は 150 人だから，B 小学校の方が多いといえます。

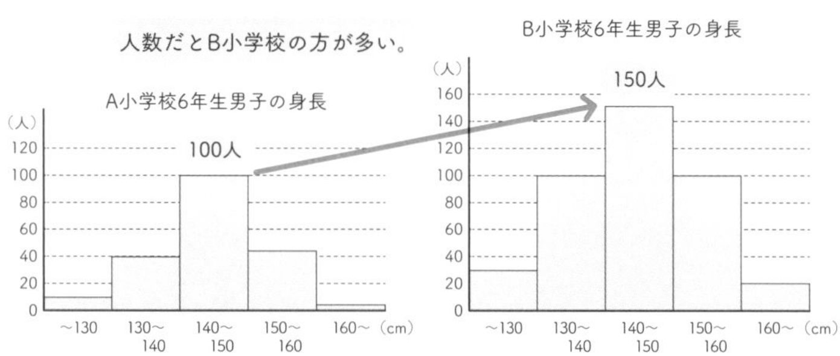

しかし，もともと B 小学校の人数の方が多いのだから，これは当然です。そこで，全体の人数による不公平さをなくすために，実際の数（人数）で比べるのではなく，全体の中での割合（相対度数といいます）を比べることがあります。

例えば，身長 140 cm 以上 150 cm 未満の児童の相対度数（割合）は，

A 小学校：200 人中 100 人だから，100 ÷ 200 = 0.5（50 %）

B 小学校：400 人中 150 人だから，150 ÷ 400 = 0.375（37.5 %）

したがって，相対度数（全体に対する割合）を比べると，A 小学校（50 %）の方が B 小学校（37.5 %）よりも大きいですね。このように全体の人数が異なる集団を比べる場合には，実際の数（度数）だけでなく，相対度数（割合）も比べるとよいですね。そこで度数分布表に相対度数を付け加えた相対度数分布表をつくり，さらに相対度数を縦軸にとったヒストグラムをつくって比べれば，全体の人数の影響を受けない比較ができます。

相対度数分布表

A 小学校	度数	相対度数	累積相対度数
～130	10	0.05	0.05
130～140	40	0.2	0.25
140～150	100	0.5	0.75
150～160	45	0.225	0.975
160～	5	0.025	1

B 小学校	度数	相対度数	累積相対度数
～130	30	0.075	0.075
130～140	100	0.25	0.325
140～150	150	0.375	0.70
150～160	100	0.25	0.95
160～	20	0.05	1

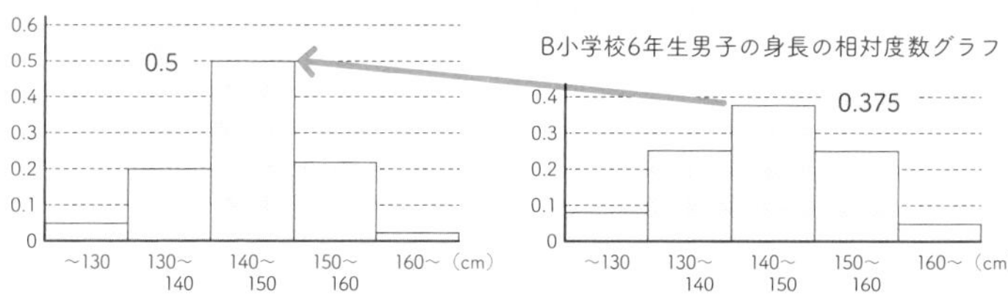

さて，上の相対度数分布表のいちばん右側の列に累積相対度数と書いてありますが，累積相対度数というのはその階級までの相対度数を加えた値です。どうして累積相対度数を考えるかというと，実際には「130 cm 以上 140 cm 未満が何人いるか」よりも「140 cm 未満が何人いるか」といった使い方をすることが多いですよね。だから，その階級の相対度数よりも，その階級までの相対度数をすべて加えた値（累積相対度数）を表にしておくと便利なのですね。例えば，A 小学校で身長が 140 cm 未満の累積相対度数は 0.05 + 0.2 = 0.25 です。これは，身長が 130 cm 未満の児童が 0.05（5 %）で，130 cm 以上 140 cm 未満の児童が 0.2（20 %）だから，140 cm 未満の児童は 25 %（= 5 % + 20 %）いるということを意味しています。

【統計のツール 4−1】 相対度数と累積相対度数

- 総数の異なるいくつかの集団のデータを比べるときは，総数による不公平さをなくすために相対度数を比較する。

【2】 相対度数と累積相対度数の練習

問題 4－1　相対度数と累積相対度数

ある小学校 6 年生のクラスの男子 20 人について体重を測定した結果を下の度数分布表にまとめた。このとき，次の問に答えよ。

	体重〔kg〕	度数	相対度数	累積相対度数
	以上　未満			
1	40 ～ 45	1	0.05	0.05
2	45 ～ 50	3	0.15	0.20
3	50 ～ 55	6	ア	エ
4	55 ～ 60	5	イ	オ
5	60 ～ 65	4	ウ	カ
6	65 ～ 70	1	0.05	1
	合　計	20		

(1) 階級の幅はいくつであるか。

(2) 相対度数ア，イ，ウの値をそれぞれ求めよ。

(3) 累積相対度数エ，オ，カの値をそれぞれ求めよ。

(4) 体重が 60 kg 未満の生徒は全体の何％かを求めよ。

〔解答〕

(1) 階級は「40 以上 45 未満」「45 以上 50 未満」といったように 5 kg (＝45－40) ごとに区切ってあるから，階級の幅は 5〔kg〕

(2) (相対度数)＝(その階級の度数)÷(総数) で求められる。

相対度数　ア＝6÷20＝0.30 (50 以上 55 以下は 30 %)

相対度数　イ＝5÷20＝0.25 (55 以上 60 以下は 25 %)

相対度数　ウ＝4÷20＝0.20 (60 以上 65 以下は 20 %)

(3) 累積相対度数　エ＝0.20＋0.30＝0.50

累積相対度数　オ＝0.50＋0.25＝0.75

累積相対度数　カ＝0.75＋0.20＝0.95

(4) 体重が 60 kg 未満の累積相対度数は，オで求めた 0.75

したがって，体重が 60 kg 未満の割合は，75 %

【3】 ヒストグラムと代表値

テーマ 4 の最後に，ヒストグラムでは代表値（平均値・中央値・最頻値）がどのあたりにあるかというイメージを次のようにまとめます。

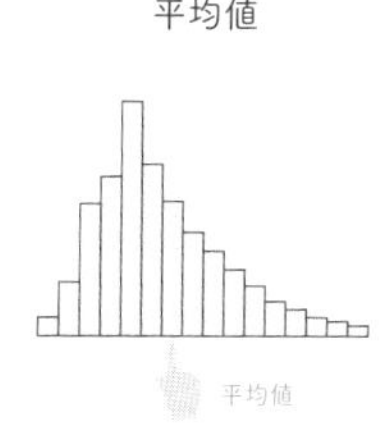

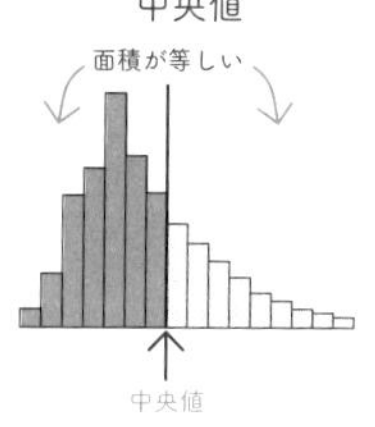

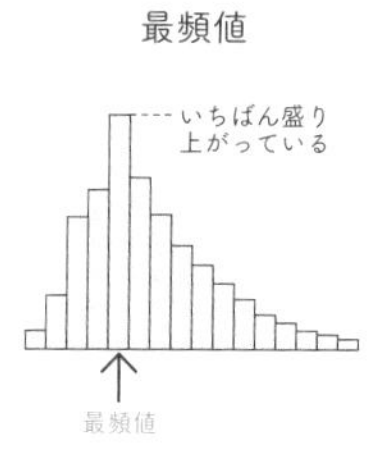

ヒストグラムに重みがあるとして，指1本でつり合う位置が平均値。

面積が等しくなるようにヒストグラムを分ける位置が中央値。

ヒストグラムのいちばん盛り上がっている部分が最頻値。

これらの図のように考えると，ヒストグラムのゆがみによって，平均値，中央値，最頻値の並ぶ順番が下の図のように変わることがわかります。特に中央の図のように，ヒストグラムがゆがみのない左右対称な場合，平均値，中央値，最頻値は一致して同じ位置にくることも重要な事実です。

【統計のツール 4−2】 ヒストグラムと代表値の関係

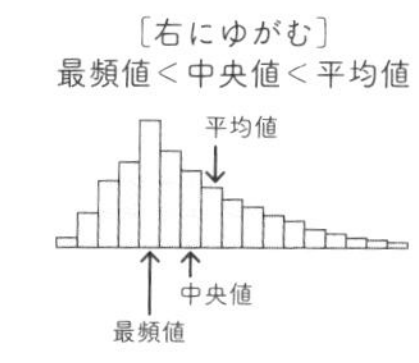

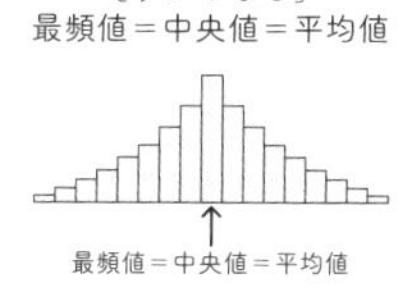

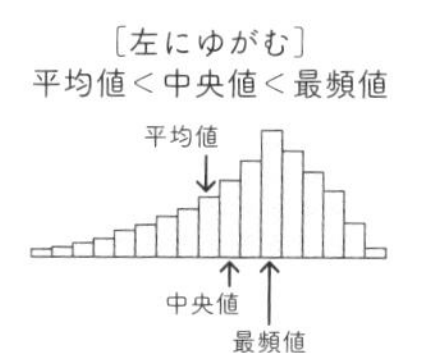

テーマ
5 四分位数

【1】 中央値から四分位数へ

問題 5－1

あるクラスの定期テストにおける数学の点数のデータがある（単位は点）。これらのデータの中央値を求めよ。

42　50　60　70　80　35　46　56　64　72　95

［解答］

中央値はデータを小さい順に並べたときの「真ん中」の値なので，データの個数が奇数個（11 個）であることに注意して，60 点。

中央値

35　42　46　50　56　60　64　70　72　80　95

全体の下位 50 %　　全体の上位 50 %

今求めた中央値はデータ全体をほぼ 2 等分する値なので，クラスで真ん中よりも上か下が気になる人にとってとても知りたい値です。しかし，自分がクラスでトップクラスにいるかどうか知りたい人にとって，中央値はあまり役に立ちません。そこで，もっと細かく分けて，自分の点数の全体における位置をより詳しく分析できるようにしましょう。例えば，次のように全体をほぼ 4 等分になるように分けてみます。

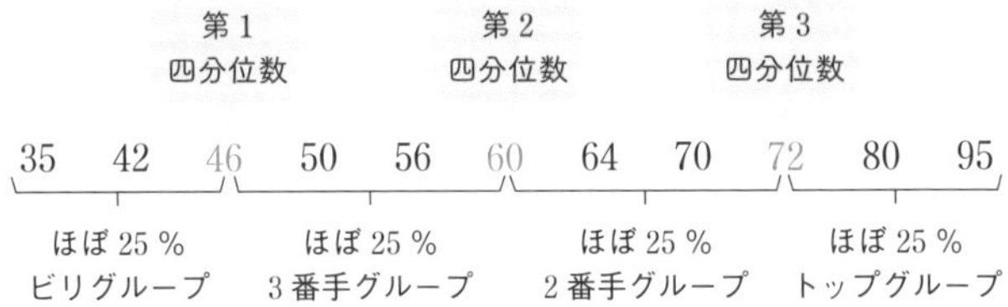

全体をほぼ4等分するためには3つの値（上の例では46，60，72）で区切る必要があります。3つの値にはそれぞれ名前がついていて，小さい方から順に，

第1四分位数 Q_1，第2四分位数 Q_2（＝中央値），第3四分位数 Q_3

といい，これら3つの値を合わせて四分位数といいます。四分位数によって，データ全体がほぼ4等分されることになるので，「自分は上位25％以内にいる」など，中央値よりも細かい分析が可能になるのです。

【2】 四分位数の求め方

問題5−2

定期テストにおける数学の点数のデータがある（単位は点）。

(1) 次のデータの四分位数を求めよ（データが奇数個の場合）。

42　50　60　70　80　35　46　56　64　72　95

(2) 次のデータの四分位数を求めよ（データが偶数個の場合）。

42　50　60　70　80　46　56　64　72　95

四分位数を求める場合は，中央値を求める場合と同じように，データが偶数個なのか，奇数個なのかによって求め方が異なります。

〔解答〕 (1) データが奇数個の場合の四分位数の求め方

【手順1】データを小さい順に並べて第2四分位数(=中央値)を求めます。

35　42　46　50　56　(60)　64　70　72　80　95

第2四分位数＝60

【手順2】データが奇数個の場合には全体を半分にできないので，第2四分位数を取り除いてからデータを2つに分けます。

35　42　46　50　56　( )　64　70　72　80　95

60を取り除いた

【手順3】下半分のグループの中央値が第1四分位数で，上半分のグループの中央値が第3四分位数です。

35　42　(46)　50　56　　64　70　(72)　80　95

第1四分位数＝46　　第3四分位数＝72

【四分位数】以上により，四分位数は次の値になります。

第1四分位数 46，第2四分位数 60，第3四分位数 72

四分位数を求めておけば，例えば，第1四分位数46点よりも低い点数は下位25％に含まれ，逆に第3四分位数72点よりも高い点数は上位25％に含まれると分析できます。

【統計のツール5−1】 四分位数の求め方(奇数個のデータの場合)

【手順1】データを小さい順に並べ，第2四分位数(=中央値)を求める。
【手順2】第2四分位数を取り除いてからデータ全体を2つに分ける。
【手順3】下半分のグループの中央値が第1四分位数。
上半分のグループの中央値が第3四分位数。

〔解答〕

(2) データが偶数個の場合の四分位数の求め方

【手順1】データを小さい順に並べて第2四分位数（＝中央値）を求めます。

42　46　50　56　(60　64)　70　72　80　95

第2四分位数＝(60＋64)÷2＝62

↓

【手順2】データが偶数個の場合には半分に分けます。

42　46　50　56　60　　　64　70　72　80　95

↓

【手順3】下半分のグループの中央値が第1四分位数で，上半分のグループの中央値が第3四分位数です。

42　46　(50)　56　60　　　64　70　(72)　80　95

第1四分位数＝50　　　第3四分位数＝72

↓

【四分位数】以上により，四分位数は次の値になります。

第1四分位数 50，第2四分位数 62，第3四分位数 72

データが偶数個の場合の四分位数の求め方をまとめます。データが奇数個の場合の四分位数の求め方とよく比べてみてください。

【統計のツール5−2】 四分位数の求め方（偶数個のデータの場合）

【手順1】データを小さい順に並べ，第2四分位数（＝中央値）を求める。
【手順2】データ全体を2つに分ける。
【手順3】下半分のグループの中央値が第1四分位数。
　　　　上半分のグループの中央値が第3四分位数。

テーマ

6 箱ひげ図

【1】 5数要約と箱ひげ図

四分位数は，データを小さい順に並べたときに，データ全体をほぼ4等分するための境界となる3つの値でした。したがって，下の図のように，第1四分位数は下から25 %，第2四分位数は下から50 %，第3四分位数は下から75 %の位置にあります。これに下から0 %の最小値と，下から100 %の最大値を合わせた5個の値

最小値，第1四分位数，第2四分位数，第3四分位数，最大値

を5数要約とよびます。この5個の値は，データが全体の中でどのあたりにあるかがわかる物差しの目盛りのようなものです。

例として，次の10個の身長データ（単位はcm）で5数要約を求めます。

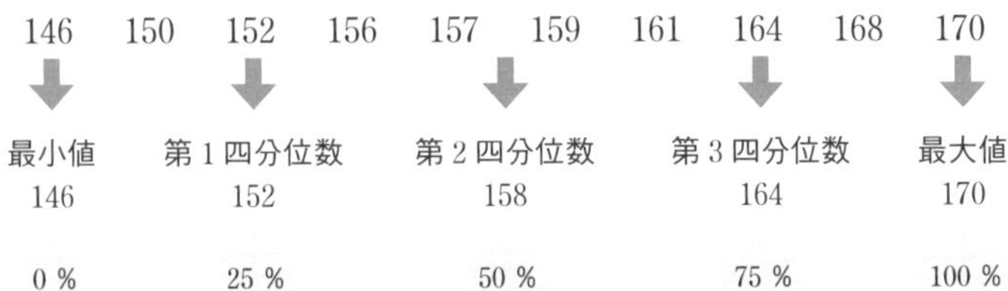

また，5数要約は下の箱ひげ図というグラフで表すことができます。箱ひげ図は，第1四分位数から第3四分位数までを長方形で表し，長方形から最大値と最小値へ向かって線を伸ばしたものです（これがひげ）。長方形の第2四分位数のところには縦線が引かれています。

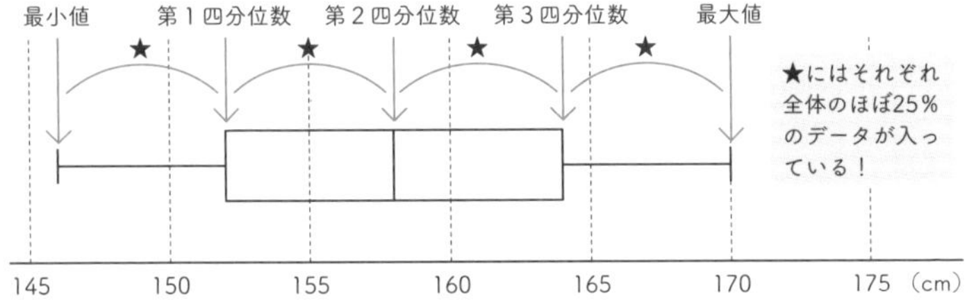

【2】 箱ひげ図の描き方

箱ひげ図を描くには，5数要約を用意します。例えば，右の表を高校1年生の女子16人の身長データから得られた5数要約であるとしましょう。これらの値を用いると，次の手順で箱ひげ図を描くことができます。

最大値	170
第3四分位数	166
第2四分位数	161
第1四分位数	152
最小値	145

【統計のツール6−1】 箱ひげ図の描き方

【手順1】データを並べる数直線を描く。

【手順2】箱描いてチョン

①第1四分位数から第3四分位数までの箱（長方形）を描く。

②箱（長方形）に第2四分位数の縦線を入れる（チョン）。

【手順3】ひげ ピッ ピッ

①第3四分位数から最大値まで「ひげ」を描く（ピッ）。

②第1四分位数から最小値まで「ひげ」を描く（ピッ）。

実際に箱ひげ図を描いてみると……

【手順1】データを並べる数直線を描く。

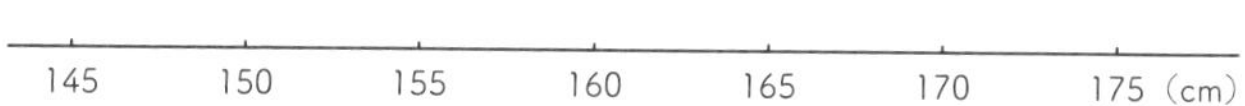

【手順2】①第1四分位数から第3四分位数までの箱（長方形）を描く。

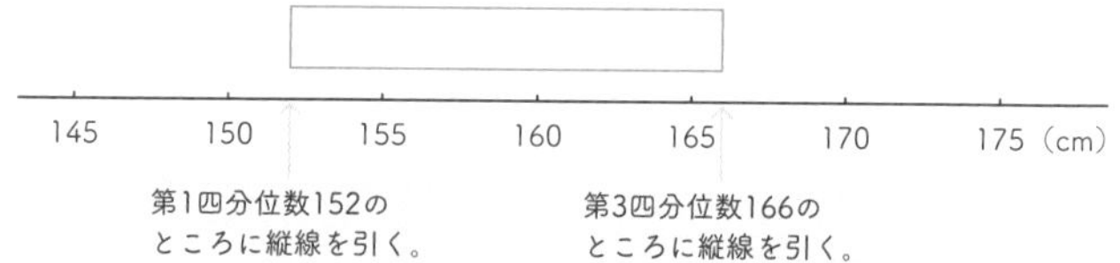

②箱（長方形）に第2四分位数の縦線を入れる（チョン）。

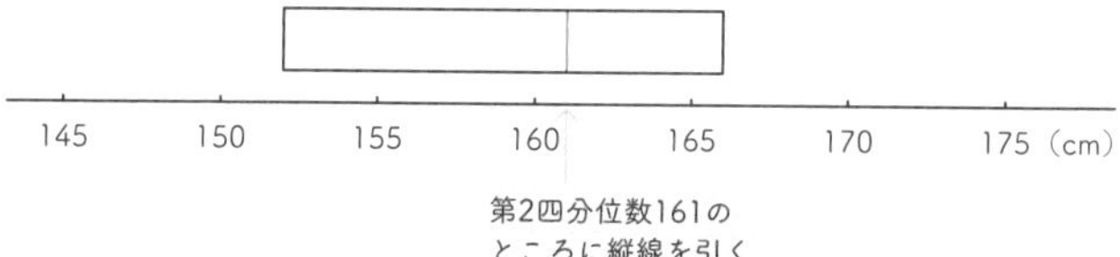

【手順３】①第３四分位数から最大値まで「ひげ」を描く（ピッ）。
②第１四分位数から最小値まで「ひげ」を描く（ピッ）。

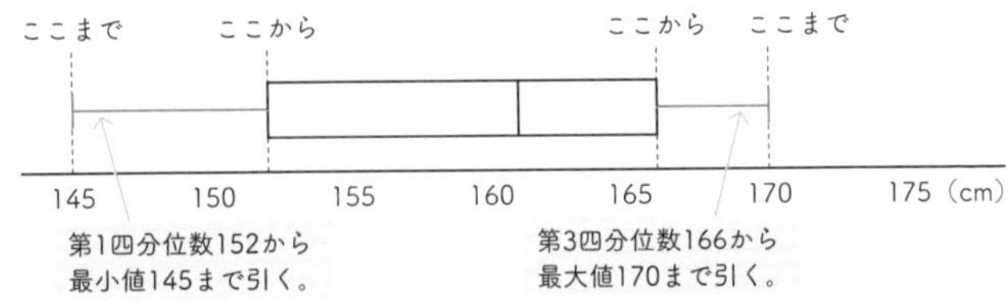

大切な注意

箱ひげ図を描くときに準備するものは，

最小値，第１四分位数，第２四分位数（中央値），
第３四分位数，最大値

でした。この中に「平均値」は含まれていません。したがって，箱ひげ図から平均値についての内容は読み取れません。ただ，どうしても箱ひげ図に平均値を書きこみたいという場合には，記号「＋」を箱ひげ図の箱の中に書き入れることがあります。

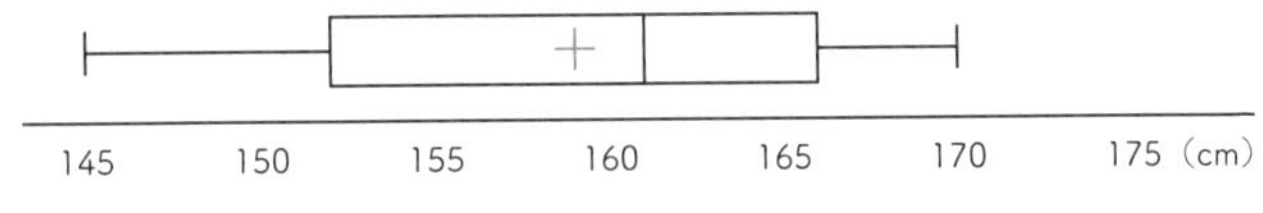

平均値の記号「＋」を書き入れた箱ひげ図

【3】 箱ひげ図の読み方　～横幅が狭いか広いか～

下の図は，高校１年生の女子16人の身長データをもとに描いた箱ひげ図です。四分位数は全体をほぼ４等分するので，この例では下の図のように四分位数によって４人ずつ４つのグループに分かれます。

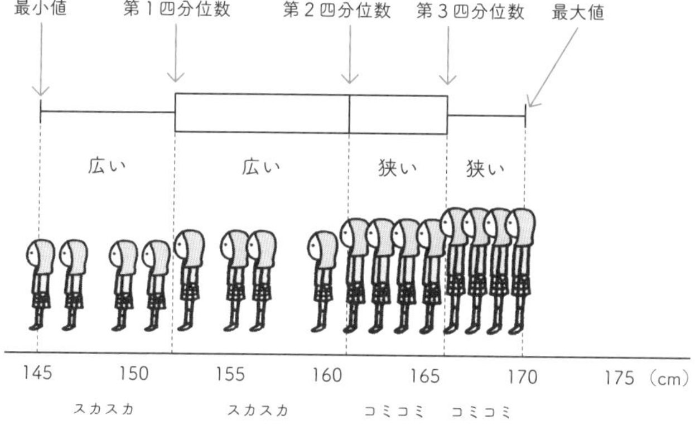

箱ひげ図をみると，箱の横幅やひげの長さが長いところではスカスカ（粗）で短いところではコミコミ（密）の状態であることがわかります。また，長方形の箱には全体の約 50 ％のデータ（上の図では 8 人）が含まれます。さらに，この長方形の横幅（四分位範囲）が広いか狭いかで，全体の中央付近にある約半分のデータの混み具合がわかります。四分位範囲は，

> 四分位範囲 = 第 3 四分位数 − 第 1 四分位数（= 長方形の横幅）

によって求めることができます。この例では，四分位範囲 = 166 − 152 = 14 と求められます。しかし，この値だけをみても何とも思わないですよね。実際には複数の箱ひげ図があるときに，四分位範囲（= 長方形の横幅）を比べてみて，こっちはより混んでいる，こっちはよりスカスカ，などと分析します。

【統計のツール 6-2】 箱ひげ図の読み方

①横幅が短いとコミコミ（密），横幅が長いとスカスカ（粗）。
②箱ひげ図は平均値について何も語っていないことに注意する。

テーマ

7 分散の仕組み

【1】 データをみるときは散らばりも大切

代表値（平均値・中央値・最頻値など）はデータの特徴を１つの数値でいい表す便利な値です。しかし，代表値は万能ではなく，これらの値ではデータの散らばりの程度などが読み取れません。例えば，２人の高校生の数学のテスト結果について平均点を求める場合，

①２人とも 50 点の場合，平均点は $(50+50)\div 2=50$〔点〕

② 100 点と０点の場合，平均点は $(100+0)\div 2=50$〔点〕

です。平均点は同じですが，２人の特徴は大きく異なりますね。①は平均点のまわりに点数が集中しているのに対して，②の点数にはバラつきがあります。このことは下の図のようなドット・プロットで表しても確認できます。

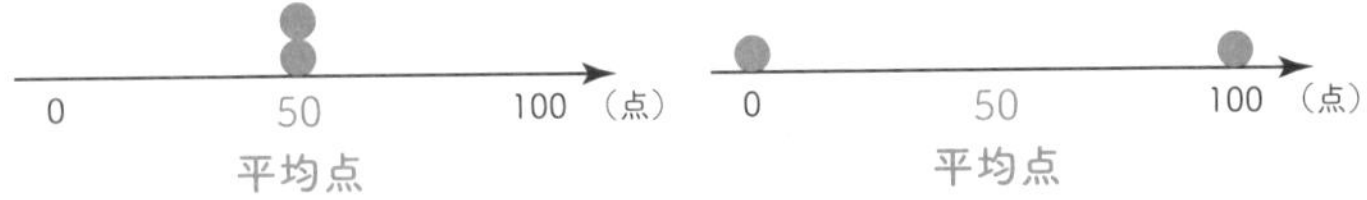

この例では平均値のまわりの散らばり具合が一目瞭然（りょうぜん）ですが，データの個数が多いときは散らばり具合がわかりにくい場合もあります。そこで，散らばり具合を比べるために，平均値のまわりのデータの散らばり具合を数値で表します。その数値には，分散や標準偏差とよばれるものがあります。分散や標準偏差の値が小さいとき，平均値のまわりにデータが集中し，大きいときは，データが散らばっていると読み取ります。

【統計のツール 7-1】 分散・標準偏差を使った分析

①分散（標準偏差）は「データの平均からの散らばりの程度を表す数値」。
②分散（標準偏差）が小さい　⟺　データが平均値のまわりに集中

【2】 分散の意味と求め方

それでは，分散や標準偏差はどのようにして求めるのでしょうか。まずは分散の求め方を説明して，次のテーマで標準偏差とその求め方を説明します。

問題7－1

あるクラスの1班と2班で数学の小テスト（10点満点）を行い，その結果を集めた。平均点のまわりのデータ（点数）の散らばり具合を比較せよ。

1班：7　7　7　6　8　　　2班：3　3　8　5　6

分散を計算して平均値まわりの散らばりの程度を比べます。ここでは1班と2班の分散を並行して求めてみます。

【手順1】個々のデータと平均値の差（偏差）を計算する

まず，個々のデータが平均値からどのくらい離れているか知りたいですね。そのために個々のデータから平均値を引いた値（偏差といいます）を求めて，表にします。

⑴1班の偏差（平均点7点）

データ（点数）	偏差（点数 － 平均点）
7	7－7＝0
7	7－7＝0
7	7－7＝0
6	6－7＝－1
8	8－7＝1

⑵2班の偏差（平均点5点）

データ（点数）	偏差（点数 － 平均点）
3	3－5＝－2
3	3－5＝－2
8	8－5＝3
5	5－5＝0
6	6－5＝1

個々の点数が平均点の近くであれば，「点数 － 平均点」は0に近い値になります。したがって，偏差を求めて，0に近い値が多いほど，平均

値のまわりにデータが集まっていることがわかりますね。

上の2つの表を見比べてみると，1班の方が平均値の近くにデータが集まっていることがわかります。

【手順2】偏差平方を計算する

しかし，その判断はあくまでも「みた目」です。データの個数が100個とか500個のように大きくなると，「みた目」では判断できません。そこで「数値」で判断します。そのためにはどうすればよいでしょうか。そこで，

各班で偏差（＝点数－平均点）を平均するといくつなのか

に着目してみましょう。つまり，各班の偏差の平均値を求めます。すると，

1班の偏差の平均値 $=\{0+0+0+(-1)+1\}\div 5=0$

2班の偏差の平均値 $=\{(-2)+(-2)+3+0+1\}\div 5=0$

このようにどちらも0になってしまいます。その原因は，偏差には正と負の値がどちらもあるので互いに打ち消し合ってしまい，すべてを加えると0になってしまうからです。そこで，正と負の値で打ち消し合うことのないように偏差を2乗した値（偏差平方といいます）を考えるのです。2乗した値は0以上なので，打ち消し合うことがなくなるのですね。

(1) 1班の偏差（平均点7点）

データ（点数）	偏差（点数－平均点）	偏差平方（点数－平均点）^{2}
7	0	$0^2=0$
7	0	$0^2=0$
7	0	$0^2=0$
6	-1	$(-1)^2=1$
8	1	$1^2=1$

(2) 2班の偏差（平均点5点）

データ（点数）	偏差（点数－平均点）	偏差平方（点数－平均点）^{2}
3	-2	$(-2)^2=4$
3	-2	$(-2)^2=4$
8	3	$3^2=9$
5	0	$0^2=0$
6	1	$1^2=1$

偏差が0に近い（つまり平均点に近い）と，2乗すると比較的小さい値になります。したがって，偏差平方を求めてみて，比較的小さい値が

多いと，平均値のまわりにデータが集まっていることがわかります。

【手順３】分散を計算する

最後に上の表に記入した偏差平方の平均値を求めます。そして，その値が分散です。

1 班の分散 $=(0+0+0+1+1)\div 5=0.4$

2 班の分散 $=(4+4+9+0+1)\div 5=3.6$

両班の分散を比べると，1 班の方が小さい値です。したがって，1 班の方が平均点のまわりに点数が集まっていることがわかります。

テーマ

8 分散と標準偏差

【1】 分散の求め方のまとめ

問題8－1

ある高校生5人の数学のテスト結果がある。分散を求めよ。

6　5　5　3　6（点）

テーマ7で分散の意味と求め方について説明しました。テーマ8では，分散の求め方を整理してから，分散と同じようにデータの散らばりの程度を表す標準偏差について説明します。

【統計のツール8−1】 分散の求め方①

〔1〕分散の式（この式の計算手順を〔2〕または〔3〕にまとめる）

分散＝(データと平均の差の2乗の和)÷データの個数

〔2〕分散は次の手順で求める。

【手順1】偏差を計算する　　　：個々のデータから平均値を引く

【手順2】偏差平方を計算する：偏差をすべて2乗する

【手順3】分散を計算する　　　：偏差平方の平均値を計算する

〔3〕分散を求める場合には次の表を利用するとわかりやすい。

①データ	③偏　差	④偏差平方
①	③	④
①	③	④
①	③	④
②平均	(0)	⑤分散

手順①）データを①へ記入する。

手順②）平均値を求めて②へ記入する。

手順③）偏差（①－②）を計算して③へ記入する。

手順④）偏差平方（③の2乗）を計算して④へ記入する。

手順⑤）④の平均値を計算して⑤へ記入する（⑤が分散）。

［解答］

①データ	③偏差	④偏差平方
6	1	1
5	0	0
5	0	0
3	−2	4
6	1	1
②平均 5	(0)	⑤分散　1.2

したがって，5人の数学のテスト結果における分散は1.2です。

【2】 標準偏差

ところで，データには長さや重さなどの単位があります。データの単位に注目して上で行った分散の計算をふりかえってみましょう。

①データの単位　　：テストの点数なので，単位は「点」です。

②平均値の単位　　：テストの平均点なので，単位は「点」です。

③偏差の単位　　　：偏差は①－②なので，単位は「点」です。

④偏差平方の単位：偏差を2乗するので，単位は「点×点＝点^2」です（？）。

④の単位はおかしくないですか？　点×点は何も意味しません。「m^2」を平方メートルとよんだように，「点^2」を平方点なんてよんでも意味がありません。さらに偏差平方の平均が分散なので，分散の単位も「点^2」です。そこで，単位を最初のデータの「点」に戻したいと思います。例えば$\sqrt{9}=3$のように，2乗する前の値を求めるには$\sqrt{\ }$（ルート）をつければよいので，$\sqrt{分散}$を計算すれば最初のデータの単位に戻ります。この値を標準偏差とよびます。［問題8−1］で標準偏差を求めると$\sqrt{1.2} \fallingdotseq 1.1$になります。

【統計のツール8−2】 標準偏差の求め方

- 標準偏差は分散にルートをつける：標準偏差＝$\sqrt{分散}$

第2章

2種類のデータの間の関係

「暑い日はアイスがよく売れる」というような関連性をしっかりと調べるには，気温のデータとアイスの販売個数の関係に注目します。本章では，このような2種類のデータ間の関係の調べ方を学びます。

テーマ

9 散布図と相関係数

【1】 散布図と正・負の相関

これまでは「数学のテストの点数」や「身長」などのように，1つの基準で集めたデータ（1変量データ）を扱ってきました。テーマ9では，

①「数学が得意な人」は「理科も得意」であるか？

②「フォロワー数が多い人」は「ツイート数も多い」か？

といった1変量どうしの関係を調べます。

このとき①では「数学の点数」と「理科の点数」，②では「フォロワー数」と「ツイート数」といったように2種類のデータ（2変量データ）を集めて，それらの関係を分析します。このとき，散布図を描くと2変量データの関係がとてもわかりやすくなるのです。散布図を描くことは，2変量データの関係を調べるときに最初に行う強力な方法です。

問題9−1　散布図

下の表は，5人の高校生について，数学と理科のテスト結果をまとめたものである。この表をもとに散布図を描け。

	A	B	C	D	E
数学の点数	12	34	56	70	90
理科の点数	15	30	50	60	80

例えば，生徒Aのデータを A(12, 15) と表して，座標 (12, 15) に対応する点をプロットすると，右の図のようになります。他のデータも同じように平面上に表したグラフが散布図です。

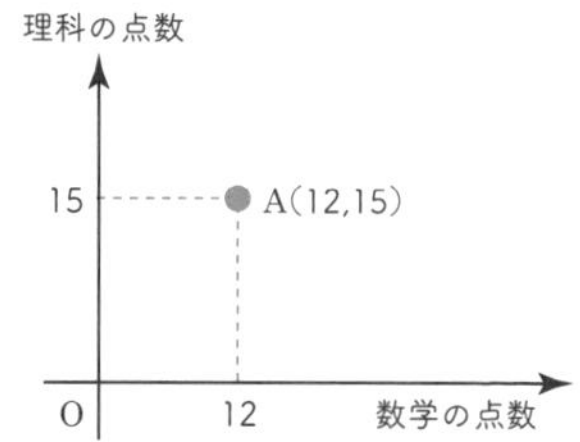

［解答］

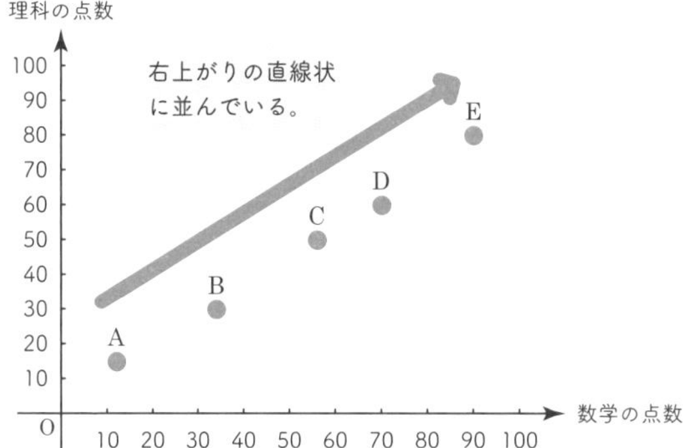

この散布図をみると，全体的に右上がりの直線状に点が並んでいることから，数学の点数が高いと理科の点数も高いということがわかります。

散布図を描いてみて点の分布が右上がりの傾向であるとき，2つの変量には正の相関があるといいます。このとき，一方が増えると，もう一方も増える傾向があることがわかります。

逆に，点の分布が右下がりの傾向であるとき，2つの変量には負の相関があるといいます。このとき，一方が増えると，もう一方は減る傾向があることがわかります。

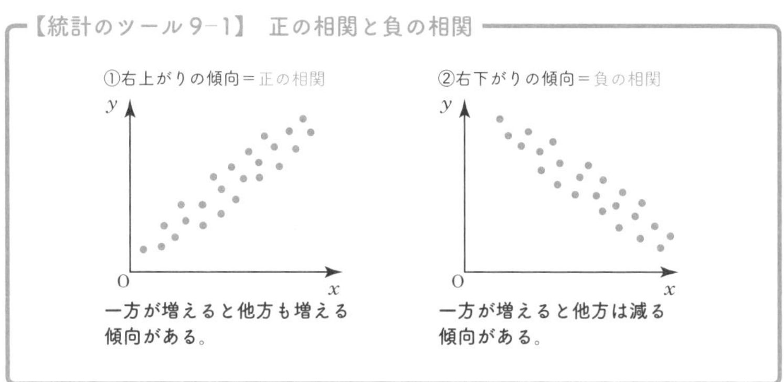

【2】 相関係数と散布図の関係

下の２つの散布図は，どちらも全体的に点の分布が右上がりとなっていることから，２つの変量の間に正の相関があります。しかし，散布図Ａよりも散布図Ｂの方が，より直線の近くに点が集まっています。このように，１つの直線の近くに点が集まる度合いが強いとき，強い正の相関があるといい，逆に１つの直線の近くに点が集まる度合が弱いとき，弱い正の相関があるといいます。相関にも強弱があるのですね。

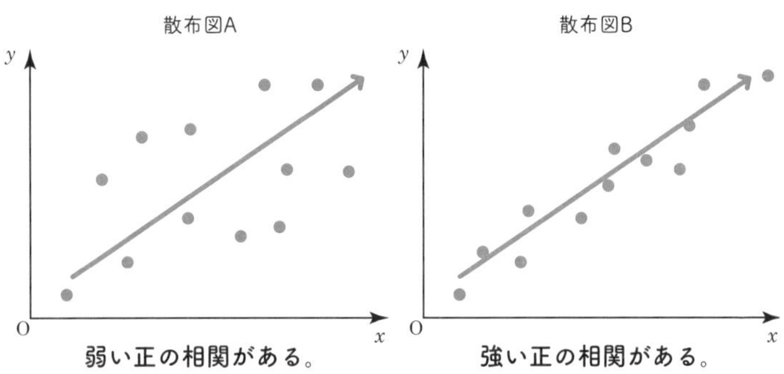

この強弱は数値で表すことができて，相関係数とよばれています。相関係数は－１以上１以下の値をとり，その数値によって相関の強弱を表します。

【統計のツール 9−2】 相関係数と散布図

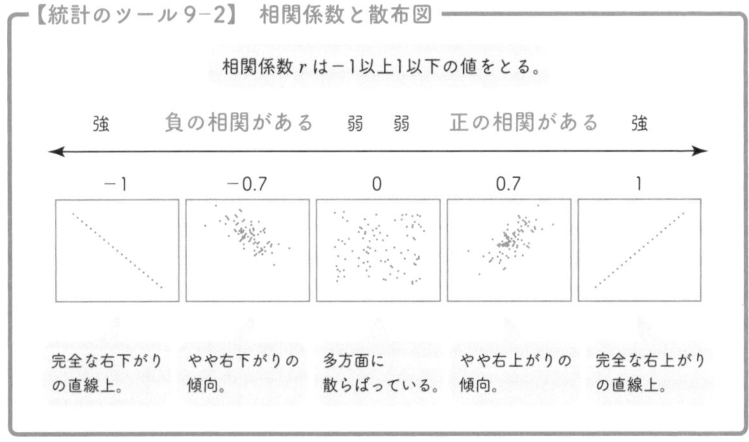

【3】 相関と因果関係

最後に相関係数について，大切な注意をしておきます。

相関があっても因果関係があるとは限らない。

数学の点数と理科の点数に正の相関がある場合でも，

「数学の点数が高いほど理科の点数も高い」

と読み取ることはできますが，

「数学の点数が高いから理科の点数も高い」
原　因　　　　　　　結　果

といったような因果関係があるとは限りません。

外れ値によって相関係数が信用できなくなる場合がある。

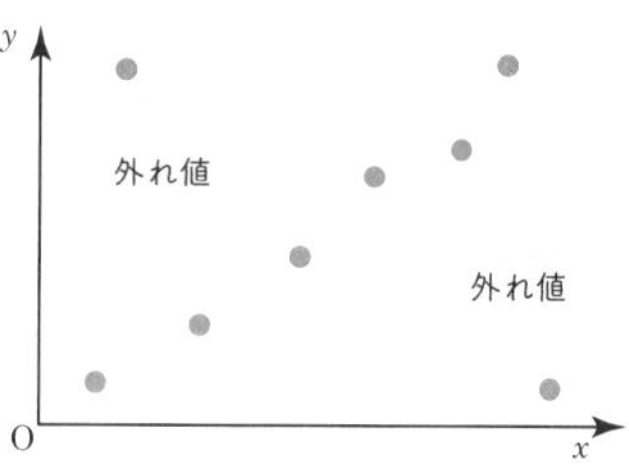

右の散布図から，2 つの変量には正の相関があると読み取れそうですが，実は外れ値があるために，相関係数が 0 になり，相関がないと判断されることがあります。このようなことがあるので，相関係数だけで特徴や傾向を判断するのではなく，散布図も描いてみることが大切ですね。

テーマ
10 偏差積と共分散

【1】 散布図を4つのエリアに分ける

テーマ10では，数学と理科の点数の関係を調べる場合を例にとり，偏差積と共分散の求め方を説明します。まず，数学の平均点と理科の平均点のところで線を引いて散布図を4つの部分に分け，右上と左下の部分を合わせて「正の相関エリア」，右下と左上の部分を合わせて「負の相関エリア」とよぶことにします（下図）。すると，正の相関エリアにデータがたくさんある場合，右上がりに点が並ぶ傾向があり，逆に，負の相関エリアにデータがたくさんある場合，右下がりに点が並ぶ傾向があることがわかります。

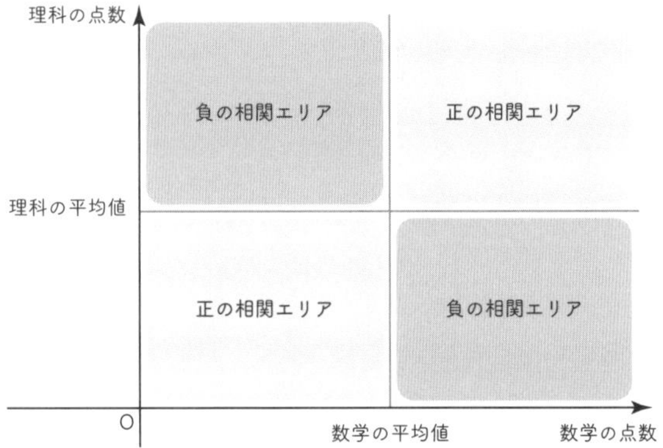

これから考える相関係数は数値なので，データが正の相関エリア，負の相関エリアのどちらにあるかについて，みた目ではなく数値で判断する方法を考えてみましょう。

【2】 偏差積と共分散

データが正の相関エリアにあるか負の相関エリアにあるかを判断するには，偏差積という値を求めます。

問題 10－1

次のデータはA～Dの4人についての数学と理科のテスト結果である。

	A	B	C	D
数学の点数	20	80	10	90
理科の点数	30	40	70	80

(1) 上のデータの散布図において，A～Dに対応する点が正の相関エリアにあるか負の相関エリアにあるか偏差積を利用して求めよ。

(2) 共分散を求めることにより，数学と理科に相関があるか調べよ。

ここでは，平均点よりも高い点数をとっている人を「得意な人」とし，逆に平均点よりも低い点数をとっている人を「苦手な人」とします。すると，数学が得意な人の点数から平均点を引いた値（数学の偏差）は正で，数学が苦手な人から平均点を引くと負になることがわかります。

- 数学が得意な人：(数学の点数)－(数学の平均点)＞0 ← 偏差は正
- 数学が苦手な人：(数学の点数)－(数学の平均点)＜0 ← 偏差は負

理科についても同じように考えることができるので，次ページの図のように，偏差の符号について4つの組合せができます。さらに，数学の偏差と理科の偏差を掛けてみる（この値を偏差積といいます）と，正の相関エリアでは偏差積が正であり，負の相関エリアでは偏差積が負になります。つまり，偏差積の符号によって正の相関エリアにあるか負の相関エリアにあるかが判断できるのですね。

偏差積＝(数学の偏差)×(理科の偏差) について，

偏差積＞0 なら 正の相関エリアにある

偏差積＜0 なら 負の相関エリアにある

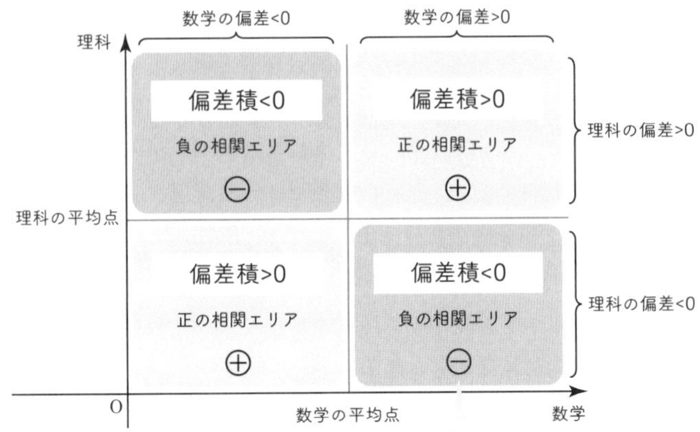

例えば，数学の偏差＞0，理科の偏差＜0なら，その積の符号はマイナスになる。

次に共分散です。共分散は2つの変量の相関を調べる場合に使います。正の相関エリアにデータがたくさんあれば「正の相関」，負の相関エリアにデータが沢山あれば「負の相関」と判断します。つまり，偏差積について，正のデータが多ければ正の相関，負のデータが多ければ負の相関になるのです。そこで，全体的に正の偏差積が多いか負の偏差積が多いかを調べるために，偏差積の平均値を考えます。この平均値のことを共分散といいます。共分散が正の場合は正の相関，共分散が負の場合は負の相関だと判断します。それでは，これまでの説明をもとに問題を解いてみましょう。

偏差積や共分散を求めるときには，次表に数値を埋めていくと簡単です。

	数学の点数	理科の点数	②数学の偏差	②理科の偏差	③偏差積
A	20	30			
B	80	40			
C	10	70			
D	90	80			
	①	①	(0)	(0)	④共分散

表を埋める手順を説明します。まず，数学と理科の平均を計算して①に記入します。次に，数学の偏差（＝数学の点数から平均を引いた値）と理科の偏差を計算して②に記入します。最後に，数学の偏差と理科の偏差を掛けて③に記入します。最後に，③に記入した偏差積の平均を求めます（この値が共分散）。すると，次の表が得られます（実際には②と③の計算式は記入不要です）。

	数学	理科	②数学の偏差	②理科の偏差	③偏差積
A	20	30	(20 − 50 =) − 30	(30 − 55 =) − 25	(− 30) × (− 25) = 750
B	80	40	(80 − 50 =)30	(40 − 55 =) − 15	30 × (− 15) = − 450
C	10	70	(10 − 50 =) − 40	(70 − 55 =)15	(− 40) × 15 = − 600
D	90	80	(90 − 50 =)40	(80 − 55 =)25	40 × 25 = 1000
	① 50	① 55	(0)	(0)	④共分散 175

〔解答〕

(1) A と D は偏差積が正なので正の相関エリアにあり，B と C は偏差積が負なので負の相関エリアにある。

(2) 共分散は 175 で正なので，数学と理科には正の相関がある。

【統計のツール 10−1】 偏差積と共分散

• 偏差積

①求め方：偏差積＝(2 つの変量の) 偏差の積

②使い方：偏差積 > 0 なら正の相関エリアにある

偏差積 < 0 なら負の相関エリアにある

• 共分散

①求め方：共分散＝偏差積の平均

②使い方：共分散 > 0 なら正の相関

共分散 < 0 なら負の相関

テーマ
11 相関係数

【1】 相関係数

共分散の符号で相関を調べることはできますが，相関係数は相関の強弱まで調べることのできるとても便利な値です。相関係数を求める式は簡単で，共分散を標準偏差で割るだけです。例えば，数学と理科の点数では，

$$\text{数学と理科の相関係数} = \frac{\text{数学と理科の共分散}}{\text{数学の標準偏差} \times \text{理科の標準偏差}}$$

によって求めることができます。共分散でも 2 つの変量の相関は調べられますが，標準偏差で割っただけの相関係数には，共分散にはない，とても便利な性質があるのです。以下に，相関係数の式と便利な性質をまとめます。

【統計のツール 11−1】 相関係数

①求め方

2 つの変量 x と y の相関係数 r は次の式で求められる。

$$x\text{と}y\text{の相関係数}\ r = \frac{x\text{と}y\text{の共分散}}{x\text{の標準偏差} \times y\text{の標準偏差}}$$

②特徴

相関係数 r には次の特徴がある。

・相関係数は -1 以上 1 以下の値になる

・相関係数の値によって相関の強弱がわかる

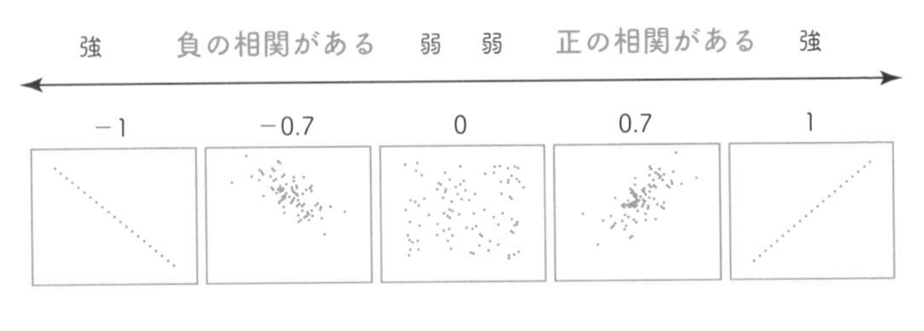

問題 11－1　相関係数

ある高校の生徒のアルバイトの時間数（x 時間）と毎月のお小遣い（y 円）の関係を調べたところ，x の標準偏差は 1.4，y の標準偏差は 1.2，x と y 円の共分散は 0.56 になった。このとき，相関係数 r を求め，アルバイトの時間数と毎月のお小遣いの関係を調べよ。相関係数は小数点以下第 2 位を四捨五入せよ。

［解答］

前テーマで説明した【統計のツール 11－1】を使って，2 つの変量であるアルバイトの時間数（x 時間）と毎月のお小遣い（y 円）の相関係数 r を求めます。

$$r = \frac{0.56}{1.4 \times 1.2} = \frac{0.56}{1.68} = 0.33\cdots \qquad \therefore \quad 0.3$$

相関係数は 0.3 なので，アルバイトの時間数と毎月のお小遣いの間には正の相関があります。少し弱いですが，アルバイトの時間が多いと毎月のお小遣いも多い傾向があると読み取れます。

記号を使うと…

変量 x，y に対し（この問題ではアルバイトの時間数が x，毎月のお小遣いが y），標準偏差をそれぞれ s_x，s_y で表すと，分散はそれぞれ $s_x{}^2$，$s_y{}^2$ で表され，また，変量 x，y の共分散を s_{xy} と表すと，相関係数 r は次のように表すことができます。

変量 x と y の相関係数 r の計算式は，次の式で表せる。

$$r = \frac{s_{xy}}{s_x \times s_y}$$

第2章　2種類のデータの間の関係

【2】 相関係数の求め方

相関係数を求めるには，2 つの変量の共分散を 2 つの標準偏差で割れば求められますが少し複雑な計算です。そこで，テーマ 10 で共分散を求めたときのように，表を用いて相関係数を求めてみましょう。次の問題を通じて説明します。

問題 11－2　相関係数

ある高校生 5 人の数学の小テストの点数を x，理科の小テストの点数を y として，下表のデータが得られた。テストはいずれも 10 点満点とする。このとき，数学のテストの点数と理科のテストの点数の相関係数を求めよ。ただし，必要ならば $23.04 = 4.8^2$ を用いよ。

数学の点数 x	1	0	3	5	1
理科の点数 y	3	3	4	9	1

【統計のツール 11－1】 相関係数の求め方

• 与えられたデータから次の表をつくります。

x	y	x 偏差	y 偏差	x 偏差平方	y 偏差平方	偏差積
		②	②	③	③	④
		②	②	③	③	④
…	…	………	………	……………	……………	…………
①	①			⑤ x 分散	⑤ y 分散	⑥共分散

手順 1：変量 x と y の平均値を求めて①に記入する

手順 2：偏差を計算して②に記入する

手順 3：②の各値を 2 乗した値（偏差平方）を③に記入する

手順 4：各行について偏差積を④に記入する

手順 5：分散を求めて⑤に記入する

手順 6：x と y の共分散を求めて⑥に記入する

$$\text{相関係数 } r = \frac{x \text{ と } y \text{ の共分散}}{x \text{ の標準偏差} \times y \text{ の標準偏差}} = \frac{⑥}{\sqrt{⑤} \times \sqrt{⑤}}$$

次の表を用意して，手順にしたがって相関係数を求めましょう。

数学	理科	x 偏差	y 偏差	x 偏差平方	y 偏差平方	偏差積
1	3	②	②	③	③	④
0	3	②	②	③	③	④
3	4	②	②	③	③	④
5	9	②	②	③	③	④
1	1	②	②	③	③	④
①	①			⑤ x 分散	⑤ y 分散	⑥共分散

【手順1】平均値を求めて表の①へ記入する

【手順2】偏差を計算して表の②へ記入する

【手順3】②から偏差平方を計算して表の③へ記入する

【手順4】②から偏差積を計算して表の④へ記入する

【手順5】表③の平均（分散）を計算して⑤へ記入する（$\sqrt{\ }$ をつけると標準偏差）

【手順6】表④の平均（共分散）を計算して⑥へ記入する

以上の計算により次の表ができます。

数学	理科	x 偏差	y 偏差	x 偏差平方	y 偏差平方	偏差積
1	3	−1	−1	1	1	1
0	3	−2	−1	4	1	2
3	4	1	0	1	0	0
5	9	3	5	9	25	15
1	1	−1	−3	1	9	3
平均 2	平均 4	(0)	(0)	分散 3.2	分散 7.2	共分散 4.2

［解答］

上の表から相関係数 r を求めると，

$$\text{相関係数 } r = \frac{4.2}{\sqrt{3.2} \times \sqrt{7.2}} = \frac{4.2}{\sqrt{23.04}} = \frac{4.2}{\sqrt{4.8^2}} = \frac{4.2}{4.8} = 0.875$$

テーマ

12 2種類のデータの間の関係①

【1】 質的データ×質的データ　～クロス集計表～

	経験あり	経験なし	合計
高校生	20	30	50
大学生	40	10	50
合計	60	40	100

右の表は高校生50人，大学生50人にアルバイトの経験を質問した結果を表にまとめたものです。このように縦と横に項目を並べた表をクロス集計表（または分割表）とよびます。この表は，高校生か大学生か，アルバイト経験の有無といった2種類の質的データ（→p.10）どうしの関係を調べるのに向いています。例えば，右上のクロス集計表から，アルバイト経験のない高校生の人数は30人，アルバイト経験のある人数は60人(＝20人＋40人)と読み取れます。

	経験あり	経験なし	合計
高校生	0.2	0.3	0.5
大学生	0.4	0.1	0.5
合計	0.6	0.4	1

また，クロス集計表は，全体の数が異なる2つの集団と比較することが多いので，実際の数（度数）ではなく割合で表すとわかりやすい場合があります。例えば，右上のクロス集計表で，各度数を全体の総数100で割ると右のクロス集計表になります。この表から，例えば，「高校生と大学生のうち20％はアルバイト経験のある高校生である」と分析することができます。

問題 12－1

ある高校の1年生と2年生が「糸こんにゃく検定」を受けた。受検の前に対策本『サルでもわかる糸こんにゃくのすべて』を使用して勉強した人としない人がいた。そこで，学年，対策本を使用したかどうか，合否のデータを収集して下の表にまとめた。

学年	使用	合否	学年	使用	合否	学年	使用	合否
1	○	○	2	○	○	2	×	○
1	○	○	2	○	○	2	×	○
1	○	×	2	○	○	2	×	○
1	○	×	2	○	○	2	×	○
1	○	×	2	○	○	2	×	×
1	×	○	2	○	○	2	×	×
1	×	×	2	○	×	2	×	×
1	×	×	2	○	×	2	×	×
1	×	×	2	○	×	2	×	×
1	×	×	2	○	×	2	×	×
1	×	×	2	×	○	2	×	×

次の(1)～(3)のクロス集計表を完成させて，データを分析せよ。ただし，(1)には度数を入れ，(2)，(3)は百分率（％）で小数点第2位を四捨五入してつくれ。

(1)

		合格	不合格
使用	1年生		
	2年生		
不使用	1年生		
	2年生		

(2)

	合格	不合格
使用		
不使用		

(3)

	合格	不合格
1年生		
2年生		

〔解答〕

(1)のクロス集計表(人)

		合格	不合格
使用	1年生	2	3
	2年生	6	4
不使用	1年生	1	5
	2年生	5	7

(2)のクロス集計表(%)

	合格	不合格
使用	24.2	21.2
不使用	18.2	36.4

(3)のクロス集計表(%)

	合格	不合格
1年生	9.1	24.2
2年生	33.3	33.3

(1)の分析例「対策本の使用者自体があまりいなかったのではないか」

(2)の分析例「対策本を使用することが合否に影響がある」

(3)の分析例「対策本に使用の他に，学年が合否に影響している」

この問題から，クロス集計表では観点を変えてみたり，データの度数と割合の双方を考えたりするとさまざまな特徴が読み取れることがわかります。

【統計のツール12−1】 質的データ×質的データ ～クロス集計表～

①質的データ×質的データの分析をする場合には，クロス集計表を使う。
②観点（注目する2つのデータ）を変えると，みえ方が変わることがある。

【2】 質的データ×量的データ ～箱ひげ図を並列する～

質的データと量的データ（→ p.10）の関係を調べる場合には，箱ひげ図を並べて比較することがあります。

問題 12－2

下のグラフは年齢層別に月収（千円）データを箱ひげ図にしたものである。

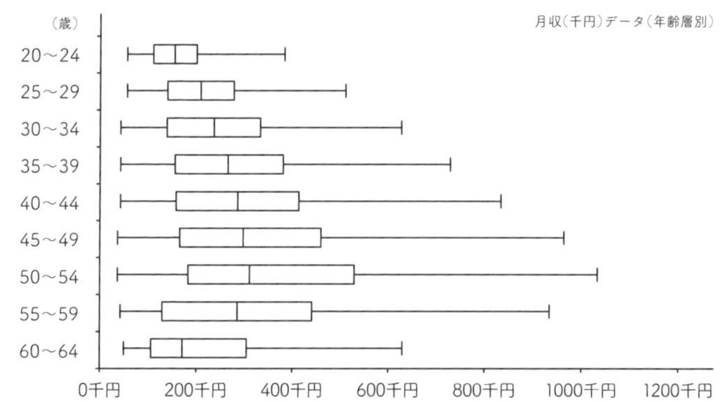

全体の傾向を表しているのは①と②のどちらか。

① 中央値と四分位範囲はいずれも 50 ～ 54 歳まで増加し，その後は減少する。

② 平均値は増加し続ける。

［解答］

箱ひげ図を上から順番に，中央値（箱の中に引いてある線）と四分位範囲（箱の横幅）の変化をみていくと，①は正しいことがわかります。つまり，定年の数年前までは第一線でバリバリ稼いで収入は増えるけれども，定年前から定年後は収入が下がる感じでしょうか。また，四分位範囲が 50 歳過ぎまで増えるということは，そのあたりまで収入の差も広がっていく傾向があるのではないかと考えられます。

また，箱ひげ図から平均値に関する情報は読み取れないので，②は不適当です。

テーマ

13 2種類のデータの間の関係②

【1】 量的データ × 量的データ ～散布図と箱ひげ図の組合せ～

問題 13－1

下の表は高校生 10 人（A ～ J）の数学と理科のテスト結果である。この結果を散布図と箱ひげ図の両方を用いて分析しなさい。

	A	B	C	D	E	F	G	H	I	J
数学	76	61	94	72	57	34	45	78	12	98
理科	86	78	100	54	51	50	56	87	23	96

数学の点数と理科の点数の 2 種類のデータが与えられているので，通常は散布図を描いて分析します。また，散布図だけではなく，それぞれのデータから箱ひげ図を描き，散布図と組合せることがあります。

① A から J の生徒のデータを組（数学，理科）にして散布図を描く準備をします。

A(76, 86)　B(61, 78)　C(94, 100)　D(72, 54)　E(57, 51)
F(34, 50)　G(45, 56)　H(78, 87)　I(12, 23)　J(98, 96)

②次に，数学の点数から箱ひげ図を描いて散布図の横軸の下におき，理科の点数から箱ひげ図を描いて散布図の縦軸の脇におきます。

数学の点数：76　61　94　72　57　34　45　78　12　98

理科の点数：86　78　100　54　51　50　56　87　23　96

[解答例]

散布図と2つの箱ひげ図を組合せると，次のグラフが得られます。

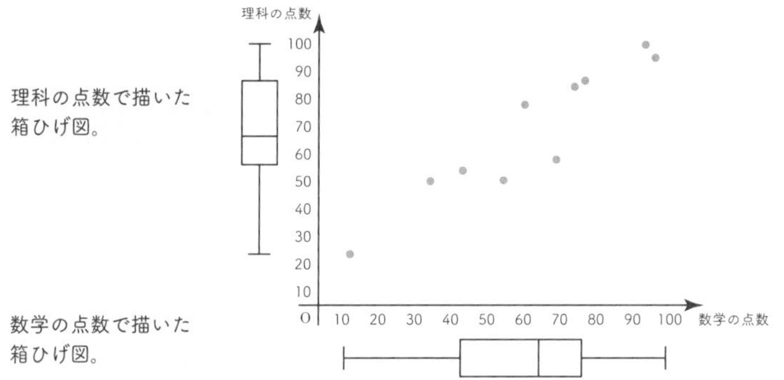

このグラフからは，例えば，次のようなことが分析できます。

[分析1] 散布図から，数学と理科の点数には正の相関があります。

[分析2] 理科の箱ひげ図から，箱が短いのでデータが密集しています。

[分析3] 数学の箱ひげ図から，箱やひげが長いので点数の差が激しいことがわかります。

[分析4] 2つの箱ひげ図から，理科の中央値は数学の中央値よりも大きいことがわかります。

ところで，散布図に箱ひげ図を組合せるメリットは何でしょうか？散布図はデータの数が多くなると黒いぽつぽつした点が重なってしまい，分析の手がかりが少なくなることがあります。そのようなとき，それぞれの変量に対する箱ひげ図を散布図と一緒に描くことによって，分析の手がかりを少しでも多くしようとするのです。散布図の欠点を補うために箱ひげ図が同時に用いられるわけです。

【統計のツール 13−1】 散布図と箱ひげ図

- 散布図において，いくつもの「・」が重なったりするなどして分析しにくいとき，分析の手がかりを増やすために箱ひげ図を併用するとよい。

【2】 量的データ×量的データ　～ヒストグラムと箱ひげ図～

問題 13－2

次の①～④のヒストグラムを箱ひげ図で表したものは，**ア**～**エ**のうちどれか選べ。

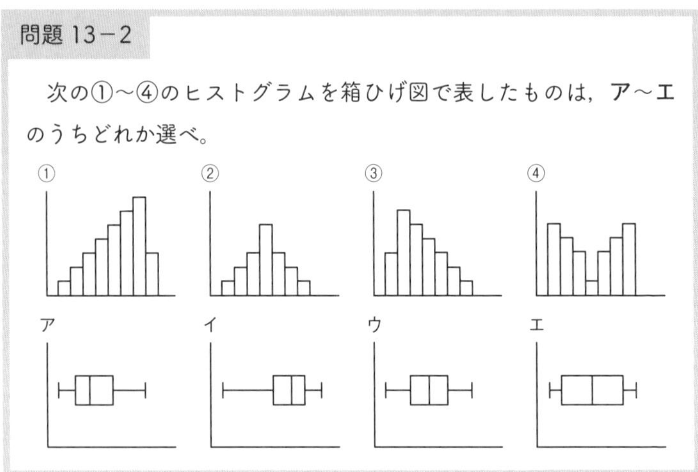

最後はヒストグラムと箱ひげ図を組合せた分析です。下の図のように，ヒストグラムの下に箱ひげ図を描いて対応を読み取ります。ヒストグラムの高さが高いところはデータが集中しているから箱ひげ図の箱やひげの長さが短くなるといえます。ヒストグラムの高さが低いところではデータが少ないことから，箱やひげの長さは長くなると読み取れます。

〔1〕ヒストグラムの形が対称⇄箱ひげ図も中央値を中心に対称

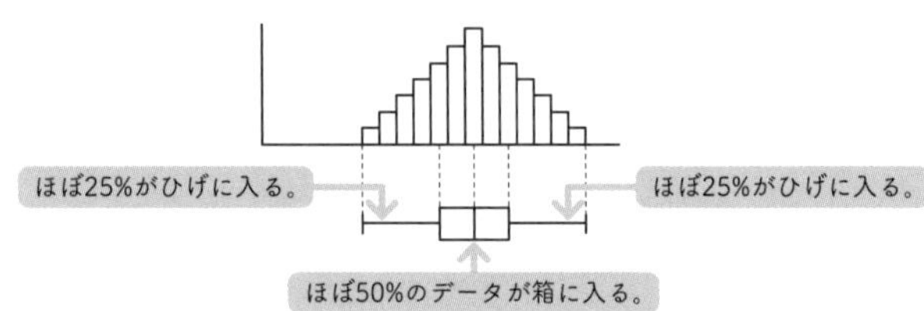

〔2〕ヒストグラムがゆがんでいる⇄箱ひげ図も対称ではない

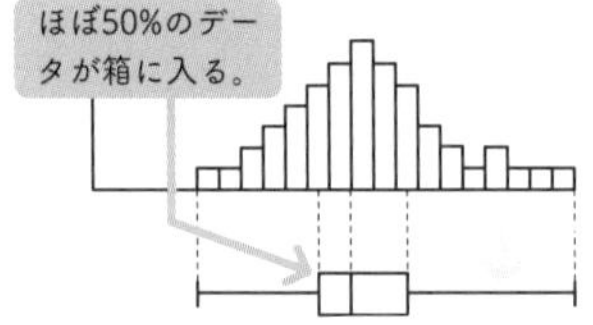

ヒストグラムが右方にゆがんでいる箱ひげ図の右側のひげは，ほぼ25%のデータを表すが，ヒストグラムの右側の度数は少ないので，25%分は横に広い範囲になる。
つまり，ひげは長くなる。

次に，左右対称なヒストグラムには左右対称な箱ひげ図が対応します。問題の②と④のヒストグラムは左右対称なので，ウとエのどちらかが対応することがわかります。

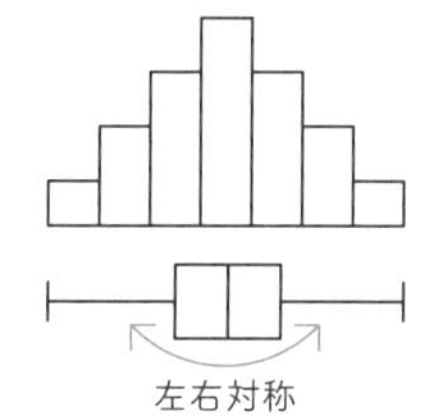

さらに，②は中央値の付近にデータが集中しているので，箱の長さは短いはずです。逆に，④は中央値から離れるほど度数が大きくなるので，箱は長くなりますね。したがって，②には**ウ**，④には**エ**が対応することがわかります。

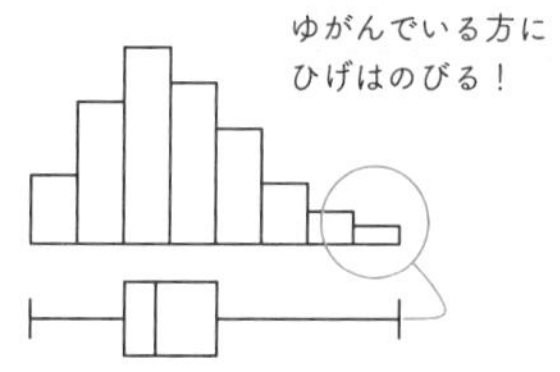

後半のポイントは，ヒストグラムがゆがんでいる方向にひげがのびることです。①のヒストグラムは左の方にゆがんでいる（広がっている）ので，対応するのは左側のひげの長いイです。また，③のヒストグラムは右側にゆがんでいるので，対応するのは右の方のヒゲが長いアです。

［解答］

①―イ，②―ウ，③―ア，④―エ

【統計のツール13-2】 ヒストグラムと箱ひげ図

①ヒストグラムの棒が高いところに対応する箱やひげの長さは短い。
②ヒストグラムが広がっている（ゆがむ）方向にひげはのびる。

棒が高いところに
対応する箱やひげの
長さは短い。

短い

のびている

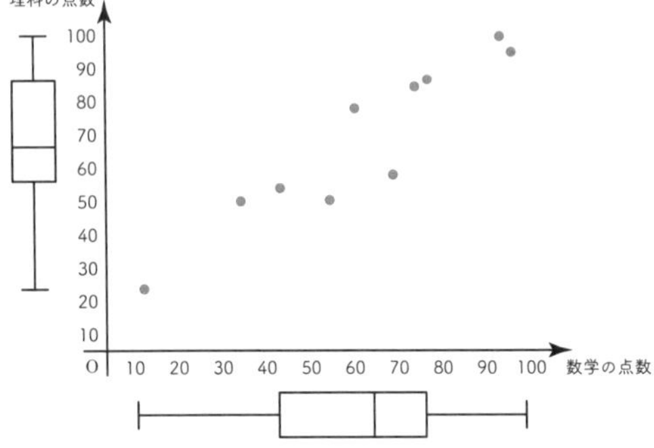
理科の点数
100
90
80
70
60
50
40
30
20
10
O
10
20
30
40
50
60
70
80
90
100
数学の点数

第 3 章

確率分布と統計的な推測の準備

「コインを3回投げたら3回とも表が出た」とき，コインは表が出やすいといえるでしょうか。たまたま3回連続して表が出たかもしれません。このような問題に対して，統計の立場から答を出す考え方を学びます。

テーマ
14 推定と検定

【1】 女子高生の会話から

本書の後半のメインテーマは統計的な推測です。統計的な推測は推定と検定の2つに分けられます。このテーマでは問題を解かずに，推定と検定をイメージすることを目的とします。

> 私がもしも佐々木君とつき合ったらさ，楽しい話をすることってほとんどないよ。だから，私が佐々木君とつき合うことはないね。

さて，この会話を次のように3段階に分けて分析してみます。

①私が佐々木君とつき合ったとする。　　話の前提を仮定する。

↓

②楽しい話をすることはほとんどないだろう。　　楽しい話をする確率は低い。

↓

③だから私が佐々木君とつき合うことはない。　　話の前提をすてる。

この会話をもう少し統計っぽくしてみましょう。

> 「私が佐々木君とつき合う」という帰無仮説を立てるとするよ。彼と楽しい話をする確率はほとんどなくて5％未満といったところだね。だから，私が佐々木君とつき合うという帰無仮説は棄却されるよ。

この女子高生は「佐々木君とつき合うことはない」ことを主張しようとして，話の出発点（仮説）を

「私が佐々木君とつき合う」

からはじめています。この仮説は，最後になかったことにしたい仮説で帰無仮説といいます。それに対して，本当にいいたい仮説「私は佐々木君とつき合うことはない」を対立仮説といいます。

①つき合うとする

・帰無仮説
佐々木君とつき合う。
・対立仮説
佐々木君とつき合わない。

②楽しい会話がほとんどない

楽しい会話をする確率はメチャ低い。

③つき合うことはない

帰無仮説はすてる。

次に，帰無仮説を前提とすることにより「楽しい話をする」確率が低いわけですね。そこで，

> 帰無仮説を前提とすればありえないことが起こっている。だから，前提の帰無仮説は成り立たないと考えられるのではないか？　そこで帰無仮説をすてて，対立仮説「私は佐々木君とつき合わない」が結果として残ることになる。

と推論するのです。ここで「ありえないこと」と判断するための確率の基準を有意水準とか危険率などということも覚えておきましょう。統計では有意水準を５％や１％にして考えることが多いですね。あることが起こる確率が５％や１％以下の場合，「起こりえないことが起こっている」と判断するのです。

以上の流れがわかれば，このテーマである推定と検定を理解することができます。ただし，上の例は正確な内容ではなくあくまでもイメージなので，次に推定と検定とは何かを説明します。

【2】 統計的な推測とは ～推定と検定～

〔1〕 推定とは ～一部のデータから全体を推測する～

テーマ 20 で詳しく説明しますが，統計には，健康診断のようにすべてのデータを集めて特徴や傾向を調べる記述統計と，日本中のダンゴムシの体長のように，すべてのデータが集められないので一部のデータから全体を推測する推測統計があります。第 4 章以降で詳しく説明する推測統計に軽く触れておきます。

> 学校で 100 匹のダンゴムシを収集した。体長を測定したところ，平均は 5 mm だった。このとき，（日本中の）ダンゴムシの平均体長は 5 mm だといえるだろうか。

校内で採集したダンゴムシの平均体長をそのまま日本中のダンゴムシの平均体長にするわけにはいきません。そこで，採集した一部分のダンゴムシでわかったことから，日本中のダンゴムシの体長を推測します。これを推定とよびます。推定には 2 通りの方法があり，「ダンゴムシの平均体長は 95 ％の確率で 5 mm である」とズバリ値を推定する点推定と，「ダンゴムシの平均体長は 95 ％の確率で 4.8 ～ 5.2 mm である」とある程度の幅をもって推定する区間推定に分けられます。

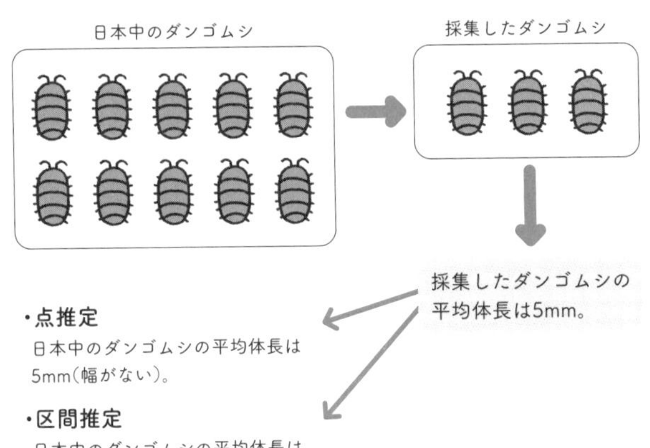

〔2〕検定とは　～平均点が 65 点と 66 点に違いはある？～

高校生 3 年の 1 組と 2 組で数学のテストを実施したところ，1 組の平均点は 65 点，2 組の平均点は 66 点であった。このとき，2 組の方が数学の学力が高いといえるか。

問題文を読んで「何を今さら…，平均点の高い 2 組の方がよいに決まってんじゃん」という人もいるかもしれませんね。単純に平均点の大小を比較すればよさそうですが，統計の世界ではそうはいきません。それは，みんながいつも実力どおりの点数をしっかりとっているとは限らないからです。もしかしたら，たまたま 2 組の方の平均が高かった可能性もあるわけです。そこで，本当に 1 組と 2 組の平均点に差があるかどうか，統計を使って調べてみようというのが検定です。

以上，推定と検定について軽く触れました。推定は，一部のデータから全体の様子がどうなっているかを調べることでした。例えばテレビの視聴率のように，数百世帯のデータから日本の全世帯の視聴率がどの程度か調べるのは推定です。また，検定は，結果がある程度予想できるときに，それが本当かどうかを調べることでした。実は，推定も検定も同じように考えるので，次のテーマ 15 では検定の考え方を説明します。

テーマ

15 検定の考え方

【1】 検定の考え方と手順

テーマ 15 では，慣れるまでに少し時間のかかる検定の考え方を手順に沿って説明します。検定についてはテーマ 30 で詳しく扱うので，今は検定の考え方と流れを理解するだけでよいです。

問題 15－1

表と裏の出やすさが違うのではないかと疑われている 1 枚のコインがある。このコインを 5 回投げたところ，5 回とも表が出た。このとき，このコインの表と裏の出やすさは違うといえるか。

(1) 有意水準を 5 %として検定せよ。

(2) 有意水準を 1 %として検定せよ。

【手順 1】 帰無仮説を立てる。

本当に主張したいことは「コインの表と裏の出やすさは違う」ことです。しかし，検定では話の出発点（仮定）を主張したいことと正反対の「コインの表と裏の出やすさは同じ」とします。なぜかというと，コインの表と裏で出やすさが同じと仮定することで表や裏の出る確率は 0.5 だとわかり，確率の計算に持ちこめるからです。「表と裏の出やすさが違う」としても表が出る確率はわかりませんからね。今仮定した話の出発点は，本当に主張したいことではなく，むしろなかったことにしたい仮定なので，検定では帰無仮説とよんでいます。そして，最終的に主張したい「コインの表と裏の出やすさは違う」ことを対立仮説とよんでいます。

帰無仮説：コインの表と裏の出やすさは同じ。

対立仮説：コインの表と裏の出やすさは違う。

【手順2】実際に起こったことの起こりやすさ（確率）を計算する。

帰無仮説のもとでは，1枚のコインを投げたときに表が出る確率は0.5です。今，5回コインを投げて5回とも表が出たのですが，その確率を求めると（【統計のツール17-2】を使って計算します），

$$0.5 \times 0.5 \times 0.5 \times 0.5 \times 0.5 = 0.03125$$（約3％）

【手順3】判断する。

コインを5回投げて5回とも表が出る確率は約3％だとわかりました。この確率をもとに，現実に起こったことが「あり得ないこと」なのか「ありうる」ことなのか判断します。その判断の基準が「有意水準」です。⑴では有意水準が5％ですが，これは5％以下の確率ならば「あり得ないこと」と判断するという意味です。手順2で求めた確率は約3％なので，有意水準5％の場合，あり得ないことが起こっていると考えられます。そこで，このようなあり得ないことが現実に起こっているのは変なので，確率を求める際に前提とした帰無仮説はあり得ないと判断します（棄却するといいます）。したがって，残るのは対立仮説なので，コインの表と裏の出やすさは違うと主張できます。

⑵では有意水準が1％なので，1％以下の確率になる場合を「あり得ない」と判断します。この場合，手順2で求めた確率は「あり得る」ことになり，帰無仮説は棄却されません。このように，有意水準を何％にするかによって検定の結果は違ってくるのですね（有意水準は5％や1％で考えることが多いです）。

〔解答〕

⑴　コインの表と裏の出やすさは違う。

⑵　コインの表と裏の出やすさは同じ。

ところで，上の問題ではコインを5回投げる場合でしたが，投げる回数が異なると，この問題の判断と異なる結果になることがあります。例えば，次のように投げる回数が少ない問題です。

問題 15－2

表と裏の出やすさが違うのではないかと疑われている1枚のコインがある。このコインを3回投げたところ，3回とも表が出た。このとき，このコインの表と裏の出やすさは違うといえるか。有意水準は5％とする。

〔解答〕

【手順1】帰無仮説を「コインの表と裏の出やすさは同じ」と仮定する。

【手順2】このとき，コインを3回投げて3回とも表が出る確率は

$0.5 \times 0.5 \times 0.5 = 0.125$（12.5％）

【手順3】コインを3回投げて表が3回出る確率は12.5％であり，あり得なくもない。よって，帰無仮説は棄却されず，コインの表と裏の出やすさは同じ。

【統計のツール15−1】 検定の基本的な流れ

【手順1】主張したいことと反対の内容を仮定する（帰無仮説）。
【手順2】実際に起こったことの起こりやすさ（確率）を計算する。
【手順3】あり得ないことが起こっているならば，確率の計算の前提である帰無仮説をすてていいたいことが主張される。

【2】 2種類の判断ミス　〜第1種の過誤と第2種の過誤〜

3人の女子高生A，B，Cが彼氏の話をしています。

A：彼氏が5回連続でデートに遅刻…。もう別れようかな〜。

B：え〜！　彼とってもいいじゃん。たまたま遅刻したのが重なっただけだよ。別れちゃいけないよ。別れちゃいけないのに別れたら第1種の過誤だよ。

C：そうかな？　さすがに5回連続は誠意がないよ。別れなよ。別れた方が正解なのに別れないのは第2種の過誤だよ。

この会話を下の表のようにまとめます。

	別れない	別れる
別れないのが正解	正しい判断	第１種の過誤
別れるのが正解	第２種の過誤	正しい判断

この表をみると，次の「２種類の判断ミス」があることがわかります。

①別れないのが正解な場合に別れる判断ミス（表の右上）。
②別れるのが正解な場合に別れない判断ミス（表の左下）。

統計の場合では，帰無仮説（彼氏と別れない）をすててはいけないのに，帰無仮説を棄却する判断ミスを第１種の過誤といい，逆に，帰無仮説をすてるべきなのに，帰無仮説を棄却しない判断ミスを第２種の過誤といいます。検定では，これらのミスが起こる可能性があるのです。そして，特に，第１種の過誤の場合，その参考にしていたのが有意水準（５％や１％など）です。つまり，判断ミスの参考に用いる数値なので，有意水準のことを危険率とよぶことがあります。

	帰無仮説を採択	帰無仮説を棄却
帰無仮説は本当（真）	正しい判断	第１種の過誤
帰無仮説はウソ（偽）	第２種の過誤	正しい判断

【統計のツール 15-2】 第１種の過誤と第２種の過誤

第１種の過誤
- すててはいけないのにすてる誤り。

第２種の過誤
- すてなければならないのにすてない誤り。

テーマ
16 場合の数(順列と組合せ)

【1】 階乗(すべて1列に並べる場合)

テーマ16から第4章へ向けた準備をします。

問題 16－1

A, B, C, Dの4人が1列に並ぶ方法は何通りあるか。

【次ページの樹形図の①の説明】

- まず, 1番目はAからDの4通り。
- 次に, 2番目は1番目のそれぞれに対して3通りずつあります。例えば1番目がAなら, 2番にくるのはB, C, Dの3通りですね。よって, 樹形図の枝が3倍になるから「×3」と計算します。
- さらに, 3番目は2番目のそれぞれに対して2通りずつあります。例えば1番目がA, 2番目がBなら, 3番目にくるのはC, Dの2通りですね。よって, 樹形図の枝が2倍になるから「×2」と計算します。
- 最後は, 残された1文字を並べるから「×1」と計算します。

〔解答〕

次ページの①より, $4 \times 3 \times 2 \times 1 = 24$〔通り〕

このように, 異なる4個のものを1列に並べる場合には, 4からはじめて1ずつ減らした数を1まで掛けていけばよいことがわかります。「$4 \times 3 \times 2 \times 1$」は「$4!$」と表して「4の階乗」とよびます。

【統計のツール 16−1】 階乗

- 異なるn個のものを1列に並べる方法の総数は,

$$n! = n \times (n-1) \times (n-2) \times \cdots\cdots \times 3 \times 2 \times 1 \text{〔通り〕}$$

(n以下の自然数をすべて掛け合わせる)

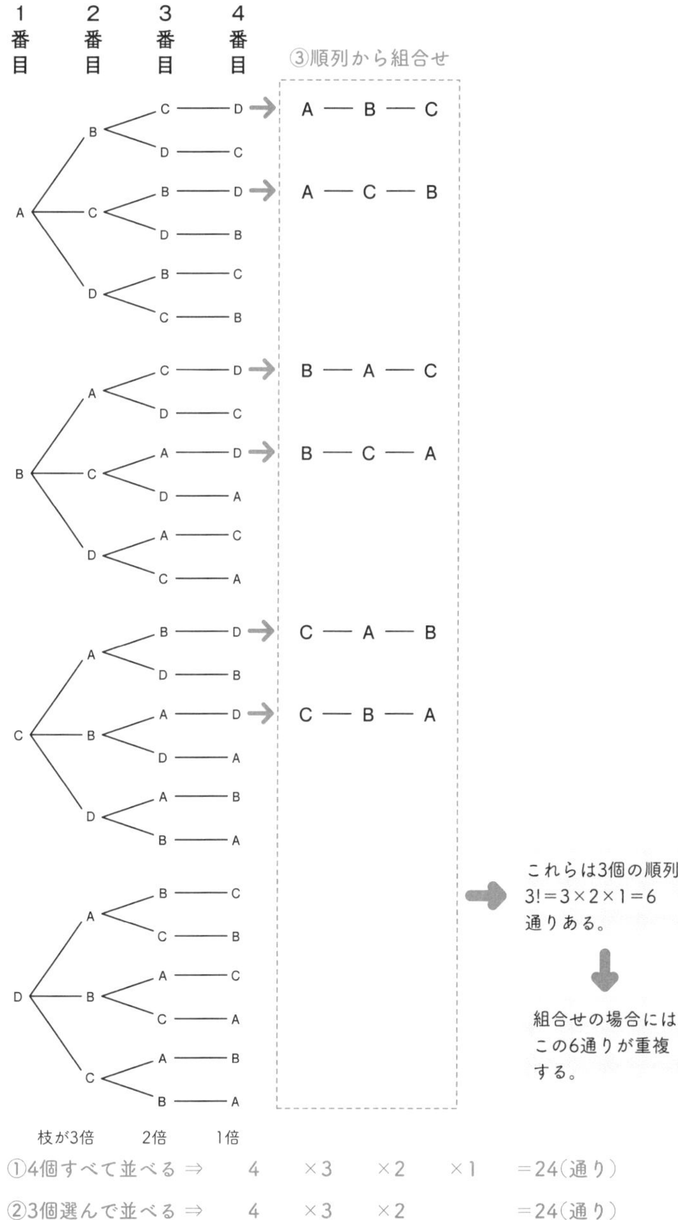

1番目
2番目
3番目
4番目
③順列から組合せ
A — B — C
A — C — B
B — A — C
B — C — A
C — A — B
C — B — A
これらは3個の順列
3!＝3×2×1＝6
通りある。
組合せの場合には
この6通りが重複
する。
枝が3倍
2倍
1倍
①4個すべて並べる ⇒ 4 ×3 ×2 ×1 ＝24（通り）
②3個選んで並べる ⇒ 4 ×3 ×2 ＝24（通り）

【2】 順列（いくつか選んで並べる場合）

問題 16－2

A，B，C，Dの４人から３人を選んで１列に並べる方法は何通りあるか。

今度はすべてを並べるのではなく一部だけ選んで並べる場合ですね。このように，４人から３人を選んで並べる方法が全部で何通りあるかを，記号 ${}_4P_3$ で表し，４人から３人を選ぶ順列といいます。前ページの樹形図の②をみながら以下の説明を読んでください。この場合はカンタンな話で，

選んで並べるというのは「途中で並べる」のをやめる

と考えることができます。つまり，選びたい個数だけ並べたら，あとは並べるのをやめてしまえばよいわけです。

［解答］

前ページの樹形図の②より，${}_4P_3 = 4 \times 3 \times 2 = 24$［通り］

答の数字はすべて並べる場合と同じですが，計算式をみると「掛ける数の個数」が違っていることがわかります（すべて並べる場合は $4 \times 3 \times 2 \times 1$，３人選んで並べる場合は $4 \times 3 \times 2$）。

$4! = 4 \times 3 \times 2 \times 1$　最後の１個まで並べる。

${}_4P_3 = 4 \times 3 \times 2$　３個並べたら途中で終わり。

以上の仕組みさえわかれば，次の公式も理解できますね。

【統計のツール 16−2】 順列

- 異なる n 個のものから r 個を選んで１列に並べる方法の総数は，
  $${}_nP_r = n \times (n-1) \times (n-2) \times \cdots\cdots \times (n-r+1)\ [通り]$$
  （n 以下の自然数を n から順に r 個掛け合わせる）

【3】 組合せ(いくつか選ぶだけの場合)

問題 16－3

A，B，C，D の 4 人から 3 人を選ぶ方法は何通りあるか。

最後は並べずに選ぶだけの場合です。このように，4 人から 3 人を選ぶ方法が全部で何通りあるかを，記号 ${}_4C_3$ で表し，4 人から 3 人を選ぶ組合せといいます。この場合は 4 人から 3 人を選んでいるから順列と同じような計算になりそうですが，順列の場合との決定的な違いがあります。それは，選んだ 3 個に順番がないことです。

順列	組合せ
A—B—C A—C—B B—A—C B—C—A C—A—B C—B—A	ABC
3! 通り	1 通り

例えば，A，B，C の 3 人を選んで並べる場合は，75 ページの樹形図の③から 6 通りあることがわかります。でも順番を考えない場合は，この 6 通りは 1 通りとしてカウントされるわけです。

4 人から 3 人を選んで並べる方法は順列で ${}_4P_3$〔通り〕でしたが，順番を気にしない場合，右上の表からわかるように 3! 通りずつ同じものが重複します。だから，A，B，C の順列 3! で割れば OK です。

〔解答〕

$${}_4C_3=\frac{4\times3\times2}{3!}=\frac{4\times3\times2}{3\times2\times1}=4\ 〔通り〕$$

【統計のツール 16−3】 組合せ

- 異なる n 個のものから r 個を選ぶ方法の総数は，

$${}_nC_r=\frac{{}_nP_r}{r!}=\frac{n\times(n-1)\times(n-2)\times\cdots\cdots\times(n-r+1)}{r\times(r-1)\times\cdots\cdots\times2\times1}$$

(分子の計算は n 以下の自然数を n から順に r 個掛け，
分母の計算は選ぶ個数である r 以下の自然数をすべて掛ける)

テーマ
17 確率の基本と反復試行の確率

【1】 確率のキホン

問題 17－1

サイコロを2個ふるとき，出る目の和が9以上になる確率を求めよ。

確率はある出来事の起こりやすさを数値で表したものです。基本の用語を確認しておくと，「サイコロをふる」「コインを投げる」といったことを試行といい，試行の結果起こることを事象といいます。例えば，サイコロをふるという試行に対して，「偶数の目が出る」は事象です。この用語を使うと，確率の求め方は次のようにまとめることができます。

【統計のツール 17−1】 確率の求め方

- ある試行を行ったときに事象 A が起こる確率は次の式で求められる。

$$P(A)=\frac{\text{事象}A\text{の起こる場合の数}}{\text{起こりうる全体の場合の数}}$$

ここで，起こりうる事象はすべて同じように起こる可能性がある（「同様に確からしい」といいます）ようになっている必要があります。

〔解答〕

2個のサイコロをふるとき，起こりうる場合は36通りあります。このうち，出る目の和が9以上の場合を右の表で数えると10通りあります。

＼	1	2	3	4	5	6
1	2	3	4	5	6	7
2	3	4	5	6	7	8
3	4	5	6	7	8	⑨
4	5	6	7	8	⑨	⑩
5	6	7	8	⑨	⑩	⑪
6	7	8	⑨	⑩	⑪	⑫

したがって，出る目の和が9以上となる確率は，

$$P(A)=\frac{\text{事象}A\text{の起こる場合の数}}{\text{起こりうる全体の場合の数}}=\frac{10}{36}=\frac{5}{18}$$

【2】 独立試行の確率

問題 17－2

52 枚のトランプから 1 枚のカードを 2 回引くとき，2 枚ともハートのカードが出る確率を求めよ。ただし，1 枚引くごとに引いたカードをもとに戻すものとする。

この問題では，「1 回目の試行」と「2 回目の試行」という 2 つの試行を行っています。

今回のように「1 枚目に引いたカードをもとに戻す」場合は，2 枚目を引くときに 1 枚目のカードは何であるかは関係ありません。つまり，1 回目の結果が 2 回目に影響を与えていないのです。このような試行を独立試行といいます。

2 つの試行が独立な場合の確率は，次のように，それぞれの試行で確率を求めて掛け合わせれば求められます。

【統計のツール 17−2】 独立試行の確率

- 独立な 2 つの試行がある。1 つの試行の結果が事象 A になり，もう 1 つの試行の結果が事象 B になる確率は
  (事象 A が起こる確率)×(事象 B が起こる確率)

［解答］

52 枚のカードの中にハートのカードは 13 枚あるから，

(1 回目にハートが出る確率)×(2 回目にハートが出る確率)

$$= \frac{13}{52} \times \frac{13}{52} = \frac{1}{16}$$

第 3 章 確率分布と統計的な推測の準備

【3】 反復試行の確率

問題 17－3

1枚のコインを3回投げるとき，表が2回出る確率を求めよ。

最後は反復試行です。反復試行というのは同じことを何回もくり返す試行です。したがって，毎回の試行が独立なので，確率は各回の確率を掛ければ求めることができます。このとき，1回目，2回目，3回目，……というように，反復試行では順番を気にすることも大切です。

1枚のコインを3回投げるとき，表が2回出る場合を想像します。

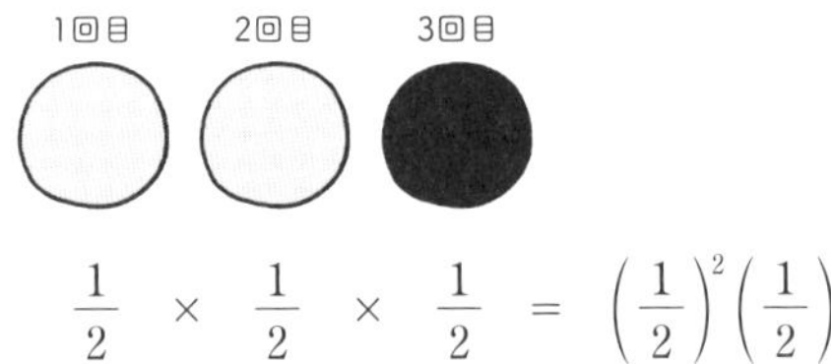

$$\frac{1}{2} \times \frac{1}{2} \times \frac{1}{2} = \left(\frac{1}{2}\right)^2\left(\frac{1}{2}\right)^1$$

いま求めた確率は，1回目と2回目に表，3回目に裏が出る確率です。でも，反復試行では順番を気にすることが大切でした。そこで，何回目に表が出るかを考えると，次のように全部で3通りあることがわかります。

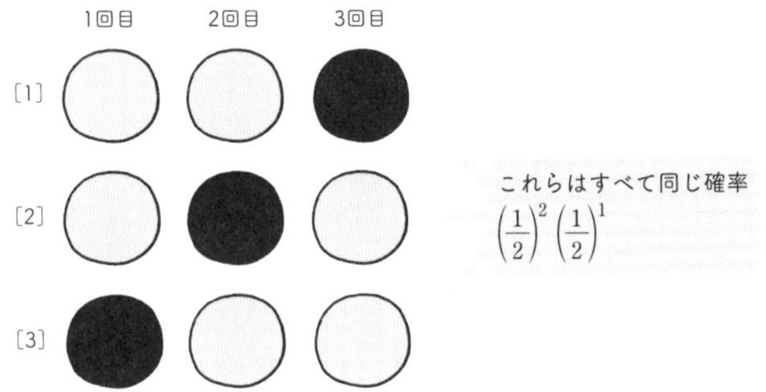

全部で何通りあるかは，「3回のうち表が出る2回を選ぶ組合せ」と同じ場合の数で，

$${}_3C_2=\frac{3\times2\times1}{2\times1}=3\text{〔通り〕}$$

と考えられます。したがって，$\left(\frac{1}{2}\right)^2\left(\frac{1}{2}\right)^1$ を ${}_3C_2=3$ 回加えればよいので，確率は次のように求められます。

〔解答〕

表が出る確率 × 裏が出る確率 × 起こる順番

$$=\left(\frac{1}{2}\right)^2\times\left(\frac{1}{2}\right)^1\times{}_3C_2=\frac{3}{8}$$

表が2回出る確率。　裏が1回出る確率。　3回のうちいつ表が出るか。

このように，反復試行の確率を求める場合，具体例を1つ想像して確率を計算するだけではダメで，他の順番の場合が何通りあるかを考える必要があります。このような考え方を公式にすると次のようになります。

【統計のツール 17−3】 反復試行の確率

- 1回の試行で事象 A が起こる確率を p とする。　1回あたりに起こる確率。
  この試行を n 回くり返すとき，事象 A が r 回起こる確率は，
  ${}_nC_r\,p^r(1-p)^{n-r}$

この式の意味は次のとおりです。解答でつくった式と同じですね。

起こる確率 × 起こらない確率 × 起こる順番

$$p^r\times(1-p)^{n-r}\times{}_nC_r$$

r 回事象 A が起こる確率。　残りの $(n-r)$ 回は事象 A が起こらない確率。　n 回のうち事象 A が起こる r 回の組合せ。

第3章 確率分布と統計的な推測の準備

テーマ

18 確率変数と確率分布

【1】 確率変数

問題 18－1　基本の問題

1個のサイコロをふって出る目をXとするとき，Xの確率分布を求めよ。

サイコロをふるたびに1から6の目がランダムに出ます。したがって，出る目をXとすれば，Xは1から6の値をランダムにとります。そして，どの値もすべて同じ出やすさです。このXのようにさまざまな値をとり，それぞれの値には出やすさ（確率）がある文字を確率変数とよびます。

今回は，サイコロをふって出る目がXなので，Xがとる値は1から6で，どの数も同じ出やすさです。しかし，一般には，確率変数の値によって，出やすさ（確率）は異なります。そこで，確率変数と，その値の出やすさ（確率）の対応を確率分布といいます。確率分布は，次のように表（確率分布表）にするとわかりやすいでしょう。

［解答］

確率変数	1	2	3	4	5	6
確率	$\frac{1}{6}$	$\frac{1}{6}$	$\frac{1}{6}$	$\frac{1}{6}$	$\frac{1}{6}$	$\frac{1}{6}$

「確率変数Xはこの確率分布に従う」という。

【統計のツール 18−1】 確率変数と確率分布

①さまざまな値をとり，それぞれの値には出やすさ（確率）がある文字を確率変数という。

②確率変数のとる値と，その値をとる確率の対応を確率分布という。

【2】 確率分布表のつくり方

問題 18－2

2個のサイコロを同時にふるとき，出る目の和を X とする。

(1) 確率変数 X のとる値をすべて求めよ。

(2) X の各値に対する確率をそれぞれ求めよ。

(3) 確率分布表をつくれ。

(1) 右の表には2個のサイコロの出る目の和 X の各値が書かれています。この表から X のとる値をすべて書き出すと，

$$X=2, 3, 4, 5, 6, 7, 8, 9, 10, 11, 12$$

	1	2	3	4	5	6
1	2	3	4	5	6	7
2	3	4	5	6	7	8
3	4	5	6	7	8	9
4	5	6	7	8	9	10
5	6	7	8	9	10	11
6	7	8	9	10	11	12

(2) 確率変数に対応する確率を計算する。

例えば，$X=5$（出る目の和が5）となるのは，表から4通りあることがわかります。表のマスは全部で36個あるので，

$1+4$，$2+3$，$3+2$，$4+1$

$$X\text{が}5\text{の値をとる確率}=\frac{4}{36}=\frac{1}{9}$$

X が他の値をとる確率も同じように求められます。

(3) 確率変数 X と確率 P のリスト（確率分布）をつくる。

X	2	3	4	5	6	7	8	9	10	11	12
P	$\frac{1}{36}$	$\frac{1}{18}$	$\frac{1}{12}$	$\frac{1}{9}$	$\frac{5}{36}$	$\frac{1}{6}$	$\frac{5}{36}$	$\frac{1}{9}$	$\frac{1}{12}$	$\frac{1}{18}$	$\frac{1}{36}$

【統計のツール 18－2】 確率分布を求める手順

【手順1】確率変数の値を書き出す。

【手順2】確率変数に対応する確率を計算する。

【手順3】確率変数と確率のリスト（確率分布表）をつくる。

【3】 確率分布と確率の表し方

問題 18－3

赤玉3個と白玉2個が入った袋から3個の玉を同時に取り出すとき，取り出した玉の中に含まれる赤玉の個数をXとする。

(1) Xのとる値をすべて求めよ。

(2) Xが1の値をとる確率$P(X=1)$を求めよ。

(3) Xの確率分布表をつくれ。

(4) Xが2または3の値をとる確率を求めよ。

これからよく出てくる確率の記号について説明します。この問題では3個取り出したときの赤玉の個数をXとしていますが，$X=2$となる確率（赤玉が2個，白玉が1個出される確率）を

$$P(X=2)$$

と表します。確率を意味する英語（Probability）の頭文字のPを使います。また，カッコの中には確率変数Xがどのような値をとるかという条件が入ります。

〔解答〕

(1) $X=1$，2，3

白玉は2個しかないので，$X=0$（赤玉0個，白玉3個）はあり得ません。

(2) $P(X=1)$は，$X=1$（赤玉1個，白玉2個）となる確率です。

【分母の計算】全部で5個から3個選ぶから，

$${}_5C_3=\frac{5\times4\times3}{3\times2\times1}=10 \text{〔通り〕}$$

【分子の計算】赤玉3個から1個，白玉2個から2個を選ぶから，

$${}_3C_1\times{}_2C_2=3\times1=3 \text{〔通り〕}$$

【確率の計算】$X=1$の値をとる確率は，$P(X=1)=\dfrac{3}{10}$

(3)　$X=2$（赤玉2個，白玉1個）の値をとる確率 $P(X=2)$ と，$X=3$（赤玉3個，白玉0個）の値をとる確率 $P(X=3)$ も，(2)と同様に求めます。

$$P(X=2)=\frac{{}_3C_2\times{}_2C_1}{10}=\frac{3\times2}{10}=\frac{3}{5}$$

$$P(X=3)=\frac{{}_3C_3\times{}_2C_0}{10}=\frac{1\times1}{10}=\frac{1}{10}$$

これから，次の確率分布表がつくれます。

X	1	2	3
P	$\frac{3}{10}$	$\frac{3}{5}$	$\frac{1}{10}$

(4)　$P(2\leqq X\leqq 3)$ は，確率変数 X が $2\leqq X\leqq 3$ をみたす確率を表します。それは，$X=2$ と $X=3$ の場合に分けて考えられるので，

$$P(2\leqq X\leqq 3)=P(X=2)+P(X=3)=\frac{3}{5}+\frac{1}{10}=\frac{7}{10}$$

【統計のツール 18-3】　確率変数の値に対する確率の記号

$P(X=a)$　　：確率変数 X が値 a をとる確率を表す。
$P(a\leqq X\leqq b)$：確率変数 X が a 以上 b 以下の値をとる確率を表す。

ちなみに，確率分布は(3)のように確率分布表にしてもよいですが，次のようにグラフで表してもわかりやすいですね。

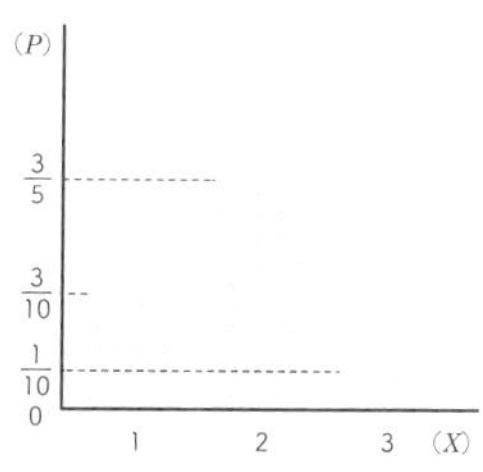

テーマ 19

確率変数の期待値(平均)・分散・標準偏差

【1】 確率変数の期待値

確率変数 X はさまざまな値をとります。そこで，このテーマでは，X は平均するとどのような値をとるのか（期待値），とる値にどの程度の散らばりがあるのか（分散・標準偏差）を考えます。

問題 19－1　確率変数 X の期待値

右のような「くじ」がある。このくじを1本引くときの当選金額を X とする。

(1) X のとる値をすべて求めよ。

(2) X の確率分布表をつくれ。

(3) X の期待値 $E[X]$ を求めよ。

	当選金額	本数
1等	1000円	1本
2等	500円	4本
3等	100円	10本
はずれ	0円	25本
合計		40本

X は平均するとどのような値をとるか，つまり X の平均を期待値といい，$E[X]$ で表します。

〔解答〕

(1) 確率変数 X は当選金額だから，$X=1000$，500，100，0

(2) くじの総本数は40本だから，X の確率分布表は次のようになる。

確率変数 X	1000	500	100	0	計
確率 P	$\frac{1}{40}$	$\frac{4}{40}$	$\frac{10}{40}$	$\frac{25}{40}$	1

(3) X の期待値 $E[X]$ は当選金額の平均値だから，

$$\text{当選金額 } X \text{ の期待値 } E[X]=\frac{\text{当選金額の合計}}{\text{本数の合計}}$$

$$=\frac{1000\times1+500\times4+100\times10+0\times25}{40}=100\ 〔円〕$$

ここで，今の計算式を次のように変形してみます。

$$E[X]=\left(1000\times\frac{1}{40}\right)+\left(500\times\frac{4}{40}\right)+\left(100\times\frac{10}{40}\right)+\left(0\times\frac{25}{40}\right)$$

すると，(2)で求めた確率分布表の上の段の値と下の段の値をかけた値を次々と加えると期待値が求められることがわかります。さらに，この式の各項は，次のように考えられます。

$1000\times\frac{1}{40}$ ⇒ (1000 円) × (1000 円が当たる確率)

$500\times\frac{4}{40}$ ⇒ (500 円) × (500 円が当たる確率)

$100\times\frac{10}{40}$ ⇒ (100 円) × (100 円が当たる確率)

$0\times\frac{25}{40}$ ⇒ (0 円) × (0 円が当たる確率)

したがって，期待値 $E[X]$ は，確率変数 X の値と，その値をとる確率を掛けたものをすべて加えれば求められることがわかりました。

【統計のツール 19−1】 期待値の意味と求め方

①確率変数 X の平均を期待値といい，$E[X]$ で表す。

②期待値の求め方

【手順 1】確率変数 X の確率分布を求める。

確率変数 X	x_1	x_2	x_3	…	x_n	計
確率 P	p_1	p_2	p_3	…	p_n	1

【手順 2】(確率変数 X のとる値) × (X がその値をとる確率) を加える。

$$E[X]=(x_1\times p_1)+(x_2\times p_2)+\cdots\cdots+(x_n\times p_n)$$

第3章 確率分布と統計的な推測の準備

【2】 確率変数の分散と標準偏差

次に，確率変数に，どの程度の散らばりがあるのか考えます。

問題 19−2　確率変数Xの分散と標準偏差

右のような「くじ」がある。このくじを1本引くときの当選金額をXとする。

(1) 確率変数Xの期待値$E[X]$を求めよ。

(2) 確率変数Xの分散$V[X]$を求めよ。

(3) 確率変数Xの標準偏差を求めよ。

	当選金額	本数
1等	1000円	1本
2等	500円	4本
3等	100円	10本
はずれ	0円	25本
合計		40本

確率変数Xはさまざまな値をとります。統計では，さまざまな値に対して「散らばりはどの程度か」に注目します。そして，散らばりの程度を数値で表したのが分散や標準偏差です。ここで，確率変数Xの分散を$V[X]$と表します。

集めたデータの分散や標準偏差はテーマ7で説明しましたが，確率変数Xの分散や標準偏差も同じように考えます。【統計のツール8−1】の〔2〕と【統計のツール8−2】と同じように，次のように分散や標準偏差を求めることができます。少し違うところは平均を求めるときに「総和を個数で割る」のではなく，(Xの値)×(確率)の和を求める（期待値の計算を行う）ということです。

【統計のツール19−2】 確率変数Xの分散を求める手順

【手順1】偏差を計算する：$X-E[X]$

【手順2】偏差平方を計算する：$(X-E[X])^2$

【手順3】分散を計算する：$(X-E[X])^2\times$(確率)の和

期待値，分散，標準偏差を求める式は次のようにまとめられます。

【統計のツール 19-3】 確率変数Xの期待値, 分散, 標準偏差

Xの期待値 $E[X]$：(Xの値)×(確率)　の和
Xの分散 $V[X]$　：(Xの値－期待値)^2×(確率)　の和
Xの標準偏差　　：分散 $V[X]$ にルートをつけた値

〔解答〕

(1)　当選金額 X の確率分布表は次のようになる。

当選金額	1000	500	100	0
確率	$\frac{1}{40}$	$\frac{4}{40}$	$\frac{10}{40}$	$\frac{25}{40}$

期待値 $E[X]$ は (X の値)×(確率) の和だから，確率分布表で上下の対応する値の積をすべて加えればよいので，

$$E[X]=\left(1000\times\frac{1}{40}\right)+\left(500\times\frac{4}{40}\right)+\left(100\times\frac{10}{40}\right)+\left(0\times\frac{25}{40}\right)$$
$$=100$$

このくじは，平均すると100円当たるということがわかります。

(2)　分散 $V[X]$ は (X の値－期待値)^2×(確率) の和だから，

$$V[X]=(1000-100)^2\times\frac{1}{40}+(500-100)^2\times\frac{4}{40}$$
$$+(100-100)^2\times\frac{10}{40}+(0-100)^2\times\frac{25}{40}$$
$$=42500$$

(3)　標準偏差は，分散にルートをつけて計算すればよいので，

$\sqrt{42500}=50\sqrt{17}$ (約 206)

第3章 確率分布と統計的な推測の準備

テーマ
20 標本調査の考え方

【1】 全数調査と標本調査

問題 20－1　全数調査と標本調査

次の事項は全数調査と標本調査のどちらで調査するのが適切か。

(1)　健康診断　　(2)　輸入食料品の検査

(3)　テレビの視聴率　　(4)　国勢調査

①全数調査と記述統計

健康診断のように，対象全員を調べる場合を**全数調査**といい，その結果から特徴や傾向を分析する方法を**記述統計**といいます。

②標本調査と推測統計

輸入食品の品質検査のように，全部を調べたら売り物がなくなってしまう場合には，一部のデータを集めて全体の傾向や特徴を推測します。一部だけ調べることを**標本調査**といい，その結果から全体の特徴や傾向を分析する方法を**推測統計**といいます。

〔解答〕

(1)　健康診断は，全員の健康状態を調べなければならないから全数調査。

(2)　輸入食料品の検査は，上の説明にもあるように標本調査。

(3)　テレビの視聴率は，すべての世帯で視聴しているテレビ番組を調べるのは費用や手間がかかることから一部の世帯だけを調べる標本調査。

(4)　国勢調査は，全世帯の様子を調べる必要があるから全数調査。

全数調査と標本調査について，下の図を用いて改めて説明します。

例えば，「1年3組の健康状態を調べる」場合であれば，全員を調べる必要があり，全数調査を行うので記述統計を用います。それに対して，「日本中のテントウムシの体長を調べたい」場合であれば，すべてのテントウムシを捕まえてくるわけにはいかないので，一部のテントウムシを捕まえて体長を調べ，日本中のテントウムシの体長を予測します。このように，一部のデータを収集することを標本調査といい，標本調査で集めたデータの傾向や特徴を調べる方法を推測統計といいます。

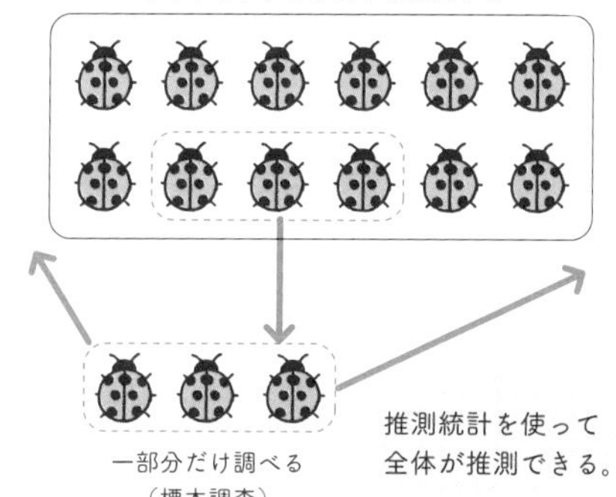

ところで，「学校の裏で捕まえてきた30匹のテントウムシでわかったことを，日本中のテントウムシのことのように結論づけるには無理がある！」という人はいませんか？　これについて次のような有名な話があります。

鍋にある味噌汁の味は，よくかき混ぜたらひと口味見すればわかります。データも偏りのないように集めれば，一部のデータから全体のことがわかるということです。

【統計のツール 20-1】 全数調査と標本調査

① 統計調査には，すべて調べる「全数調査」と一部調べる「標本調査」がある。
② 全数調査したデータを分析する方法が記述統計。
③ 標本調査したデータを分析する方法が推測統計。

【2】 推測統計の基本的な言葉

ここでは，推測統計の基本的な言葉を下の図を用いて説明します。

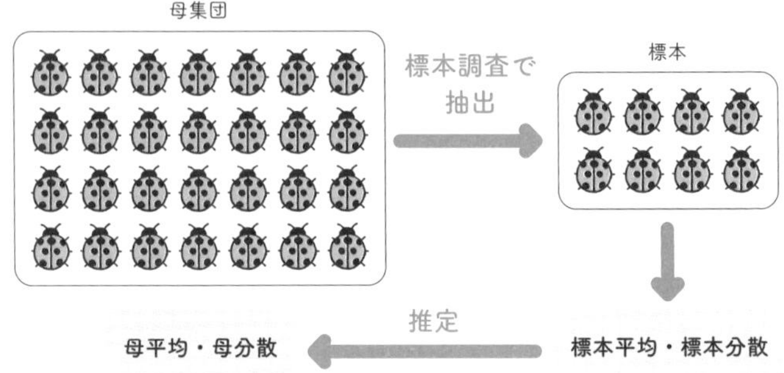

まず，日本中のテントウムシの体長を調べたいとします。このとき日本中のテントウムシ全体を母集団，母集団の中の1匹1匹を個体，個体の総数，つまり日本中のテントウムシの数を母集団の大きさといいます。

次に，日本中のテントウムシを捕まえることは不可能なので，ひとまず学校の敷地内にいるテントウムシを10匹捕まえたとします。この10匹は，母集団の一部で標本といいます。また，10匹を選び出すことを抽出，標本に含まれる個体の数，つまり10を標本の大きさといいます。

ところで，いま調べたいのは日本中のテントウムシの体長でした。体長は個体によってまちまちなのでいろいろな値をとります。このように，いろいろな値をとる数量を変量とよびます。

日本中のテントウムシの体長データを母集団として，その平均を母平均，分散を母分散，標準偏差を母標準偏差といいます。また，母集団に対する確率分布を母集団分布といいます。それに対して，一部のデータだけ取り出した標本の平均を標本平均，標準偏差を標本標準偏差，分散を標本分散といいます。

次は，母集団分布がわかっている場合に，母平均と母標準偏差を求める問題です。実際には母集団の様子を知るために統計的な推測（推定）を行うのですが，母集団分布がわかっていると仮定することにします。

問題 20－2

数字1のカードが30枚，数字2のカードが20枚，数字3のカードが10枚あり，この60枚のカードを母集団とする。また，カードに書かれた数字を変量 X とするとき，母集団分布は次のようになる。

X の値	1	2	3	合計
確率	$\frac{1}{2}$	$\frac{1}{3}$	$\frac{1}{6}$	1

(1) 母平均を求めよ。　　(2) 母分散を求めよ。

【統計のツール 20－2】 母集団分布があるときの母平均と母分散

① 母平均の求め方
(確率変数 X の値) × (確率) をすべての場合について加える。

② 母分散の求め方
(確率変数の値 － 平均)^2 × (確率) をすべての場合について加える。

〔解答〕

(1) 母平均は確率変数 X の期待値だから，(確率変数 X の値) × (確率) をすべての場合について加えます。したがって，母平均は，

$$\left(1\times\frac{1}{2}\right)+\left(2\times\frac{1}{3}\right)+\left(3\times\frac{1}{6}\right)=\frac{5}{3}$$

(2) 確率変数 X の分散は，(確率変数の値 － 平均)^2 × (確率) をすべての場合について加えます。したがって，母分散は，

$$\left(1-\frac{5}{3}\right)^2\times\frac{1}{2}+\left(2-\frac{5}{3}\right)^2\times\frac{1}{3}+\left(3-\frac{5}{3}\right)^2\times\frac{1}{6}=\frac{5}{9}$$

第 4 章

確率分布

「日本中のテントウムシの平均体長を調べるのは無理だから，採集した 100 匹のテントウムシの平均体長を計算した。この値は日本中のテントウムシの平均体長に近いだろうか」といった問題への対応を学びます。

テーマ

21 二項分布

【1】 二項分布

このテーマでは，例えば「コインを400回投げるとき，平均すると表が何回出るか」といったように，あることをくり返すときの結果がどうなるかを考えます。

問題 21−1

コインを4回投げたとき，表が出る回数を X とする。

(1) X のとり得る値をすべて求めよ。

(2) X の確率分布表をつくれ。

〔解答〕

(1) X はコインを4回投げたときの表が出る回数だから，

$$0,\ 1,\ 2,\ 3,\ 4$$

(2) 例えば，$X=1$ となる確率 $P(X=1)$ は，コインを4回投げたときに，表が1回，裏が3回出る確率なので，反復試行の確率より，

$$P(X=1)={}_4\mathrm{C}_1\left(\frac{1}{2}\right)^1\left(\frac{1}{2}\right)^3=\frac{1}{4}$$

X が他の値の場合も同じように考えると，X の確率分布表は次のようになる。

X	0	1	2	3	4
p	$\frac{1}{16}$	$\frac{1}{4}$	$\frac{3}{8}$	$\frac{1}{4}$	$\frac{1}{16}$

すべての確率が反復試行の確率の公式で求められる。

このように，反復試行の確率の公式を使ってできる確率分布を二項分布といいます。二項分布では，

・何回くり返すか（n 回）

・1 回あたりに起こる確率（p）

の 2 つの値をおさえることがポイントです。

【統計のツール 21−1】 二項分布

- 確率変数 X のそれぞれの値をとる確率が反復試行の確率の公式で計算される分布を二項分布といって，

確率変数 X は二項分布 $B(n,\ p)$ に従う

と表現する。ここで，n は試行の回数，p は 1 回あたりに起こる確率を表す。

確率変数 X は二項分布 $B(n,\ p)$ に従う

【2】 二項分布の期待値・分散・標準偏差

ある試行を n 回くり返すとき，事象 A は平均して何回起こるか（期待値），「n 回くり返す」ことをくり返したとき，事象 A が起こる回数 x にどのくらいの散らばりがあるか（分散・標準偏差）は，次のように求められます。

【統計のツール 21−2】 二項分布の期待値・分散・標準偏差

- くり返しの回数を n，1 回あたりに起こる確率を p とするとき，二項分布の期待値・分散・標準偏差は次の公式で求められる。

①期 待 値：$n \times p$

②分　　散：$n \times p \times (1-p)$

③標準偏差：$\sqrt{n \times p \times (1-p)}$

第4章 確率分布

問題 21－2

コインを 400 回投げるとき，表が出る回数を X とする。

(1) コインを 1 回投げるとき，表が出る確率 p を求めよ。

(2) X の期待値（平均）を求めよ。

(3) X の分散を求めよ。

(4) X の標準偏差を求めよ。

〔解答〕

(1) p は 1 回あたりに表が出る確率だから，$p=0.5$

(2) 期待値は，$n\times p=400\times 0.5=200$

コインを 400 回投げるとき，表は平均すると
200 回出るということです。

(3) 分散は，$n\times p\times(1-p)=400\times 0.5\times(1-0.5)=100$

(4) 標準偏差は，$\sqrt{n\times p\times(1-p)}=\sqrt{100}=10$

コインを 400 回投げると，表の出る回数は平均すると 200 回になります。「コイン 400 回投げ」をくり返して表が出る回数を考えると，いろいろな値になりますね。1 度目の「コイン 400 回投げ」では表が 231 回出て，2 度目の「コイン 400 回投げ」では表が 175 回出るなど。これらの値の散らばりの程度が(3)と(4)で求めた分散と標準偏差です。

【3】 二項分布と正規分布の関係

コインを投げる回数を 2 回，3 回，4 回の場合で，表が出る回数 X の二項分布の表とグラフを描いてみます。グラフがどのように変わるかに注目してみましょう。

〔1〕コインを 2 回投げる場合

X の確率分布は次の通りです。

X	0	1	2
p	$\frac{1}{4}$	$\frac{1}{2}$	$\frac{1}{4}$

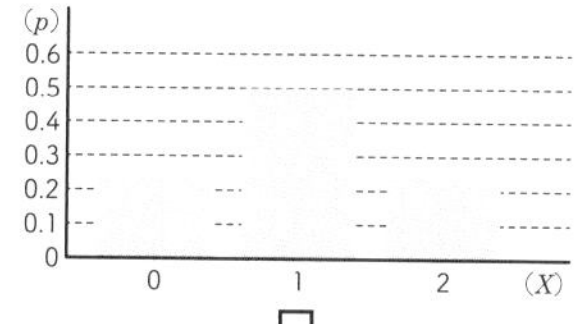

〔2〕コインを 3 回投げる場合

X の確率分布は次の通りです。

X	0	1	2	3
p	$\frac{1}{8}$	$\frac{3}{8}$	$\frac{3}{8}$	$\frac{1}{8}$

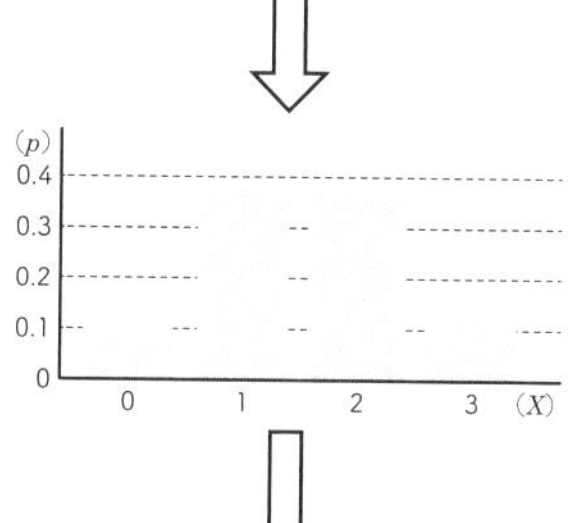

〔3〕コインを 4 回投げる場合

X の確率分布は次の通りです。

X	0	1	2	3	4
p	$\frac{1}{16}$	$\frac{1}{4}$	$\frac{3}{8}$	$\frac{1}{4}$	$\frac{1}{16}$

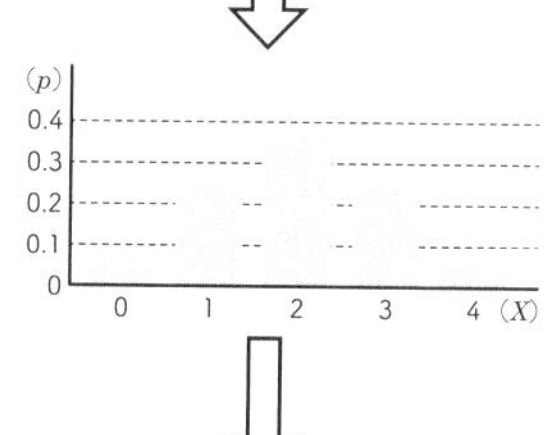

コインを投げる回数を増やしていくと，右の図の太線のような

左右対称のつりがね型のグラフ

に近づいていきます。この山形の曲線は正規分布とよばれ，統計で最も大切なグラフの 1 つです。

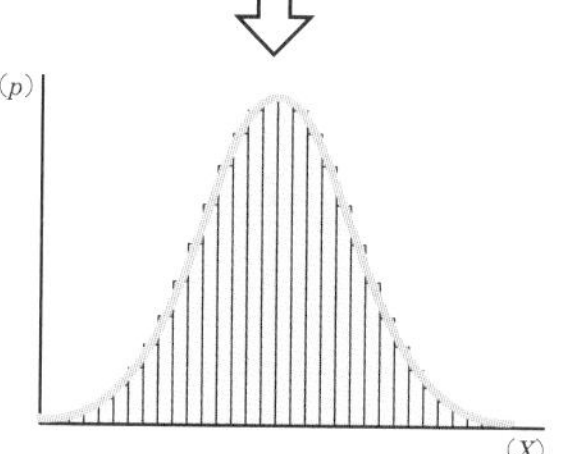

【統計のツール 21−3】 二項分布と正規分布の関係

- 二項分布はくり返しの回数を増やしていくと正規分布に近づく。

第 4 章 確率分布

テーマ
22 確率密度関数と正規分布

【1】 確率密度関数

［1］ 離散型確率変数Xの確率分布からつくるヒストグラム

1枚のコインを4回投げるとします。このとき，表が出る回数をXとすればXは偶然性に左右されるので確率変数です。また，回数などはトビトビの値しかとらないことから離散型確率変数といいます。

離散型確率変数X（1枚のコインを4回投げるときの表の出る回数）は0から4の整数値をとりますが，それぞれの値になる確率を右の一覧表（確率分布表）で表すことはテーマ21で説明しました。さらに，確率を高さとして下のようなヒストグラムもつくってみます。

X	0	1	2	3	4
p	$\frac{1}{16}$	$\frac{1}{4}$	$\frac{3}{8}$	$\frac{1}{4}$	$\frac{1}{16}$

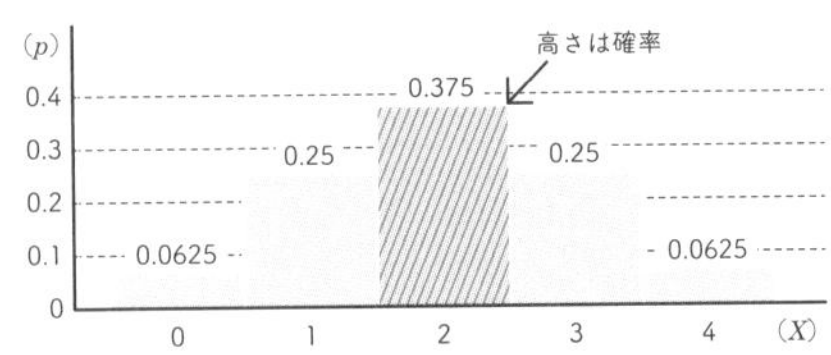

このヒストグラムで各長方形の底辺の長さを1とすれば，$X=2$の値をとる確率（コインを4回投げて表が2回出る確率）0.375は斜線部の面積であることがわかります。式を使って説明すると，

$(X=2$ となる確率$)=1\times 0.375=$ 長方形（図の斜線部）の面積

です。このように離散型確率変数Xについてヒストグラムをつくると，確率は長方形の面積というように，新しい見方ができます。

確率＝面積

〔2〕連続型確率変数Xの確率分布からつくるヒストグラム

今度は高校1年生の男子から無作為に1人選んだときの身長をX cmとします。このとき，Xは途切れることのない連続した値をとることから連続型確率変数といいます。

連続型確率変数X（高校1年生の男子の身長）は厳密には167.24… cmのようにトビトビの値ではないため，前ページのように確率分布表をつくることはできません。しかし，下の図のようにヒストグラムと似たようなグラフ（長方形ではなく曲線）をつくることはできます。実は，ここでも前ページと同じように，

確率＝面積

が成り立ちます。この曲線が何だかよくわかりにくいですが，今は何となく理解していれば十分です。

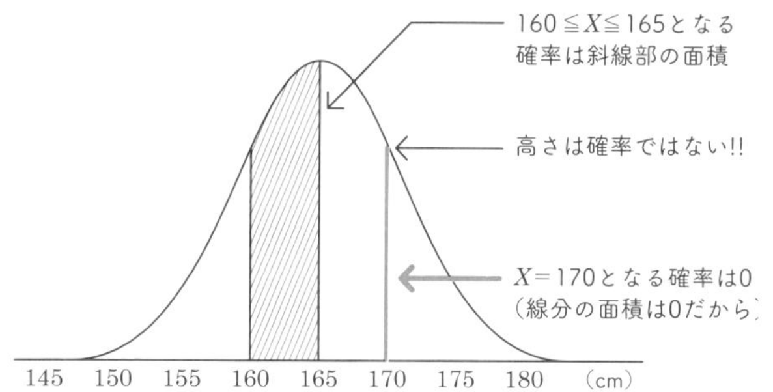

実は，このように考えると，高校1年生の男子から無作為に1人選んだとき，身長が$X=170$ cmである確率は0です。$X=170$のところで幅のない線分を描いても，その面積は0だからです。一方，同じように高校1年生の男子から無作為に1人選んだとき，身長Xが$160 \leqq X \leqq 165$の範囲に入っている確率は図の斜線部分の面積となり，正の値をとります。このように，連続型確率変数の確率分布を考える場合には，ある範囲内の値をとる確率を考えることになります。

[3] グラフの高さにはどんな意味があるの？

100 ページのヒストグラムでは，長方形の高さは確率を意味していました。しかし，101 ページのグラフでは，グラフの高さは確率を意味しません。グラフで $X=170$ の部分の（線分の）高さは 0 ではありませんが，確率は 0 でしたね。

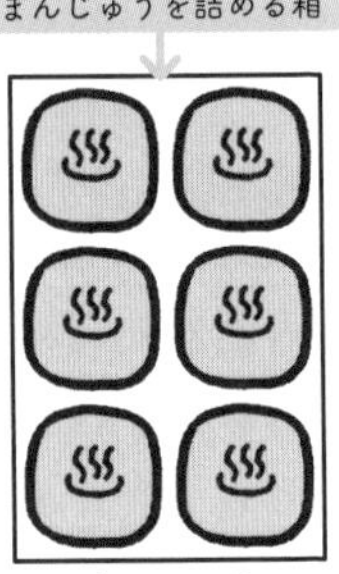

それでは，グラフの高さは何を意味するのでしょうか。下のグラフは横軸と囲まれる部分の面積が確率の値になるように曲線を描いています。この曲線を分布曲線といいます。まんじゅうが詰まった箱のように，確率が詰まった箱が分布曲線と思ってください。また，曲線には「式」がありますよね。例えば，直線なら $y=2x$ といったように。この分布曲線の式を，確率が詰まっているという意味を込めて確率密度関数といいます。そして，曲線の高さのことは確率密度とよばれています。確率を閉じ込めるように分布曲線を引いたときの高さが確率密度です。「密度」という言葉を使っているのは，「詰まっている」ことからなんですね。大切な言葉ですが，今は気楽に読み流して下さい。

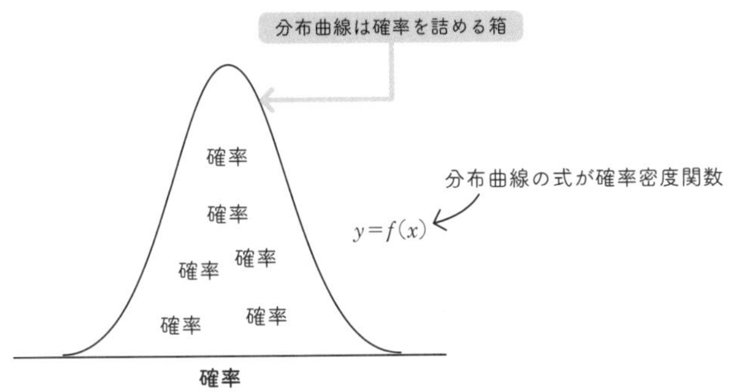

問題 22－1

確率変数 x の確率密度関数 $f(x)$ が $f(x)=2x$（ただし，$0 \leqq x \leqq 1$）とする。x の値が $0 \leqq x \leqq 0.4$ にある確率を求めよ。

〔解答〕

面積を計算して確率を求める場合には確率密度関数と確率変数の範囲が問題文で与えられます。確率密度関数をもとに分布曲線を描いたとき，問題で指定された部分の面積が求める確率です。条件を整理すると，

確率密度関数	：$y=2x$
確率変数の範囲	：$0 \leqq x \leqq 0.4$

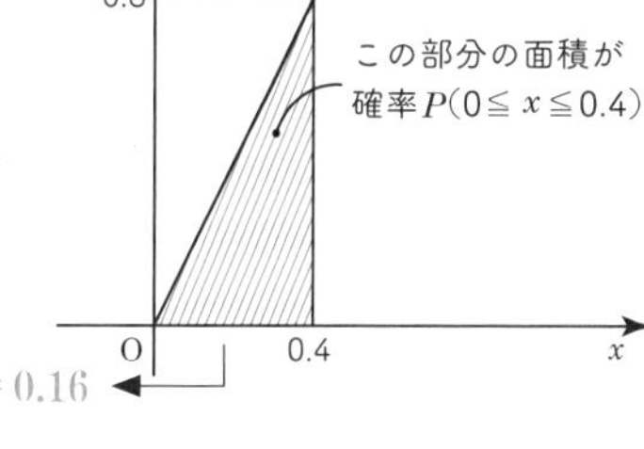

これらを右のように図示します。すると確率は，直線と x 軸と $0 \leqq x \leqq 0.4$ で囲まれた部分の面積です。右の図の斜線部分は三角形なので，

$P(0 \leqq x \leqq 0.4) = 0.4 \times 0.8 \div 2 = 0.16$

x が $0 \leqq x \leqq 0.4$ の値になる確率

【統計のツール 22－1】 確率密度関数と確率

$f(x)$ を確率密度関数とするとき，

$P(a \leqq x \leqq b)$ = 斜線部の面積

が成り立つ。

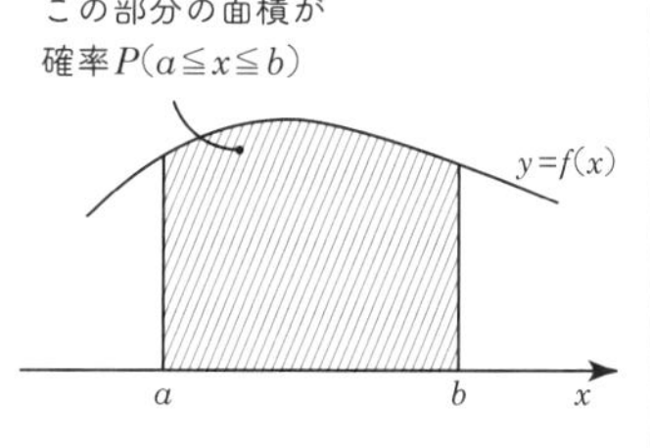

【2】 正規分布

二項分布で，くり返す回数を増やしていくと，正規分布に近づいていくことをテーマ21で説明しました。確率を面積の計算で求められるように，山に沿った曲線の式（正規分布の確率密度関数）を考えます。左下の図のように山に沿って滑らかな曲線を描き，その式を求めると右下のような式になります。

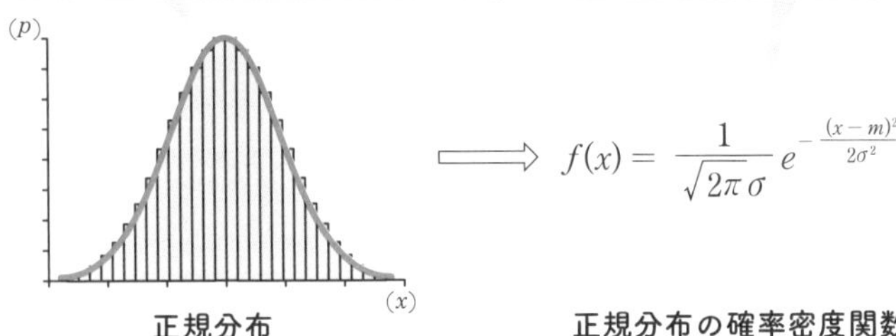

正規分布　　正規分布の確率密度関数

この式はとっても難しいですが，私たちがこの式を使って計算することはありません。実は確率（＝面積）を計算した一覧表（正規分布表）があるので，私たちは難しい計算をする必要がないのです。正規分布で大切なことは，グラフの位置と形です。グラフの位置はいちばん盛り上がっているところで，平均値にあたります。グラフの形は横の広がり具合で，平均値から変曲点までの長さ（この長さは標準偏差です）にあたります。

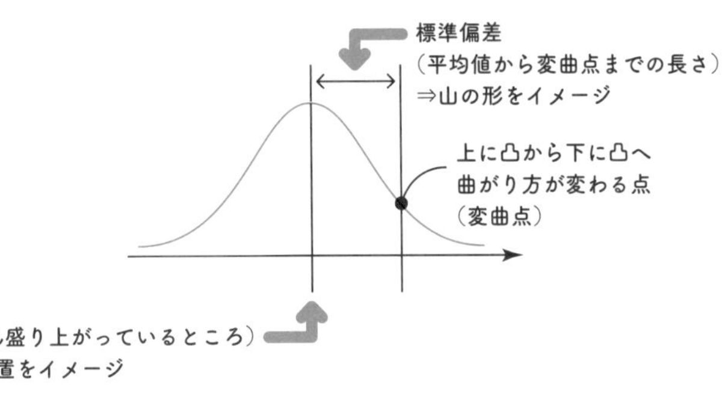

正規分布では，このように平均値（位置）と標準偏差（形）が大切です。そこで，平均値 m，標準偏差 σ（シグマ）の正規分布を $N(m,\ \sigma^2)$（σ^2 は分散）と表します。下の図で左側の正規分布は $N(2.5,\ 1.3^2)$，右側の正規分布は $N(11.3,\ 2.4^2)$ です。$N(11.3,\ 2.4^2)$ の方が平均値も標準偏差も大きいので，グラフは右側にあり，横に広がっているのがわかります。

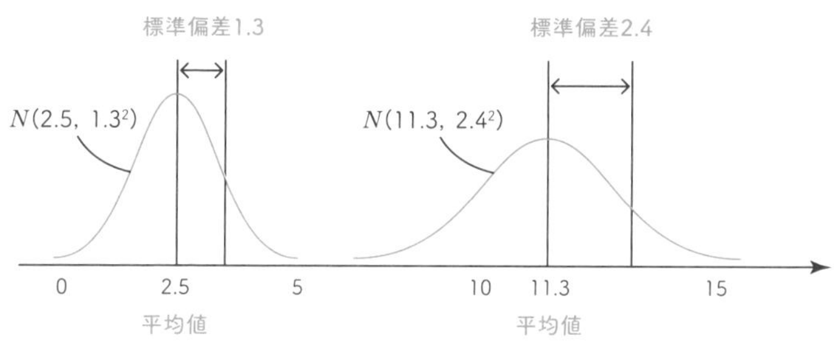

【統計のツール 22-2】 正規分布をとらえる視点

①正規分布は，平均値 m（位置）と標準偏差 σ（形）の 2 つでとらえる。
②平均値 m，標準偏差 σ の正規分布を，記号で $N(m,\ \sigma^2)$ と表す。

補足　位置と形でグラフが描けること

	位　置	形	式
直　線	通る点 $(p,\ q)$	傾き m	$y=m(x-p)+q$
放物線	頂点 $(p,\ q)$	x^2 の係数 a	$y=a(x-p)^2+q$
正規分布曲線	平均値 m	標準偏差 σ（分散 σ^2）	$y=\dfrac{1}{\sqrt{2\pi}\sigma}e^{-\frac{(x-m)^2}{2\sigma^2}}$

- 直線が「通る点（位置）」と「傾き（形）」で描ける（式が決まる）ように，放物線が「頂点（位置）」と「x^2 の係数（形）」で描ける（式が決まる）ように，正規分布も「平均値（位置）」と「標準偏差（形）」で描けます。

テーマ

23 正規分布と標準正規分布

【1】 正規分布における標準偏差の意味

うまくできたテストで点数と人数のヒストグラムをつくると，左下の図のようなつり合いのとれたヒストグラムになることが知られています。ちょっとギザギザしていますが，このグラフを滑らかな曲線でとらえたものが正規分布です。

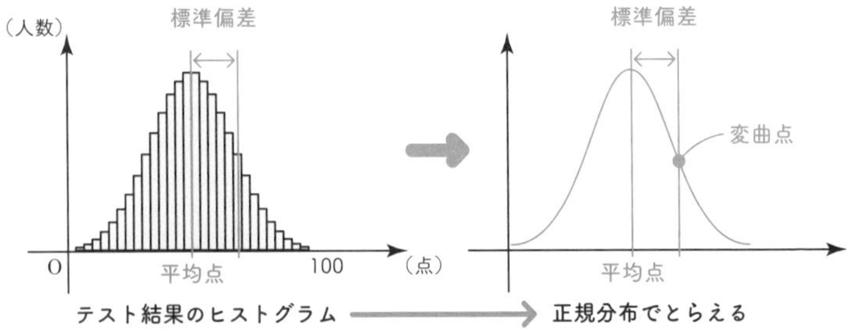

標準偏差を使えば，自分の結果が全体の中でどのあたりにいるかがわかります。下の図から，平均点 m だと偏差値 50（ss 50），平均点に標準偏差 σ を 1 回加えた点数で偏差値 60（ss 60）になります。

平均値＆標準偏差で把握する

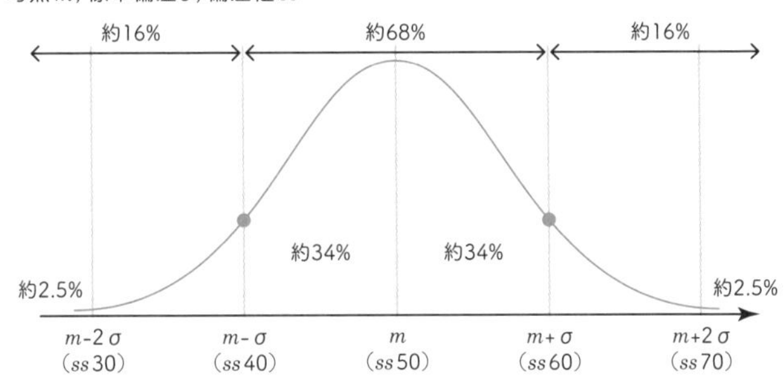

このグラフから次の表がつくれます。

点　数	偏差値	全体での位置	100 人中だと…
平均点＋標準偏差 × 2	70	上位約 2.5 %	上から 2 ～ 3 番目位
平均点＋標準偏差 × 1	60	上位約 16 %	上から 16 ～ 17 番目位
平均点	50	中央付近	上から 50 番目位
平均点－標準偏差 × 1	40	下位約 16 %	下から 16 ～ 17 番目位
平均点－標準偏差 × 2	30	下位約 2.5 %	下から 2 ～ 3 番目位

問題 23－1

ある全国規模の学力調査において，数学の平均点が 60 点，標準偏差が 10 点だった。人数の分布が正規分布になっているとして，次の問に答えよ。

(1)　偏差値 60 の点数を求めよ。　(2)　偏差値 30 の点数を求めよ。

〔解答〕

(1)　偏差値 60 の点数は，平均点に標準偏差を 1 回加えればよいので，

60 点＋10 点＝70〔点〕

(2)　偏差値 30 の点数は，平均点から標準偏差を 2 回引けばよいので，

60 点－10 点 × 2＝40〔点〕

【2】 正規分布の「広がり具合」は標準偏差で考える

問題 23－2

ある全国規模の学力調査の結果，次の結果が得られた。

数学：平均点 60 点，標準偏差 10 点

英語：平均点 70 点，標準偏差 5 点

国語：平均点 65 点，標準偏差 20 点

いずれの教科も人数の分布は正規分布になっている。下の A ～ C が 3 教科のグラフであるとき，それぞれの教科に対応するグラフを選べ。

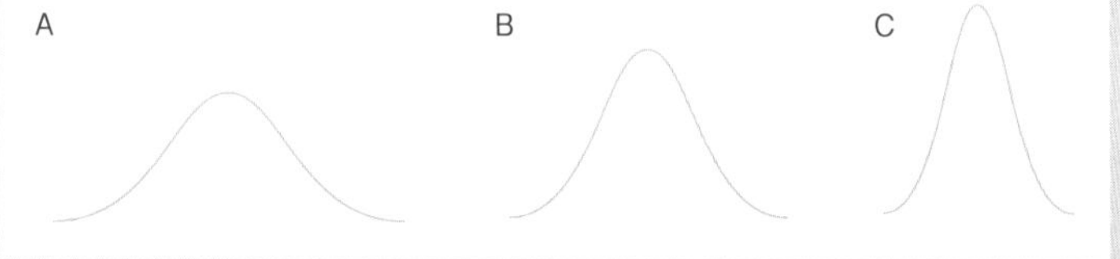

標準偏差が大きいほど，グラフは左右に広がり，高さはその分低くなります。

【統計のツール 23−1】 標準偏差は横への広がり具合を表す

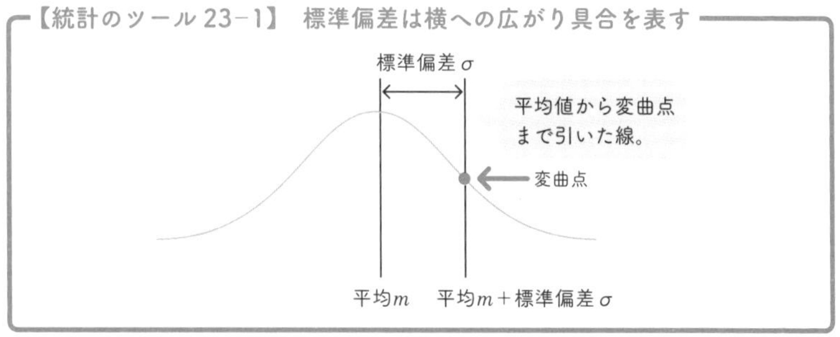

〔解答〕

標準偏差が大きい順に教科を並べると，国語＞数学＞英語

グラフが広がっている順に並べると，A ＞ B ＞ C

よって，数学 … B，英語 … C，国語 … A

【3】 標準正規分布

正規分布のグラフは左右対称のつりがね型の形をしていますが，位置や広がり具合（形）はさまざまです。それらの違った分布に対して確率（＝面積）を計算するのは大変です。そこで，計算結果を計算した表を用いることを考えてみます。しかし，形の違った分布に対してそれぞれ異なる表を用いるのは大変ですし不便です。というわけで，標準正規分布が登場します。標準正規分布というのは，

平均値 0

標準偏差 1

の正規分布のことをいいます。

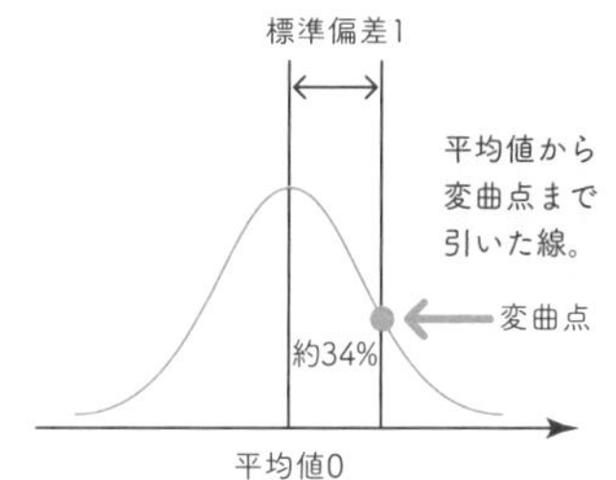

標準正規分布には，すでに確率（＝面積）を計算した結果の一覧表（正規分布表）があります。正規分布表については次のテーマで説明します。他の正規分布の場合はどうするかというと，標準正規分布に位置と形を変える計算を行い，確率の一覧表（正規分布表）が利用できるようにします。

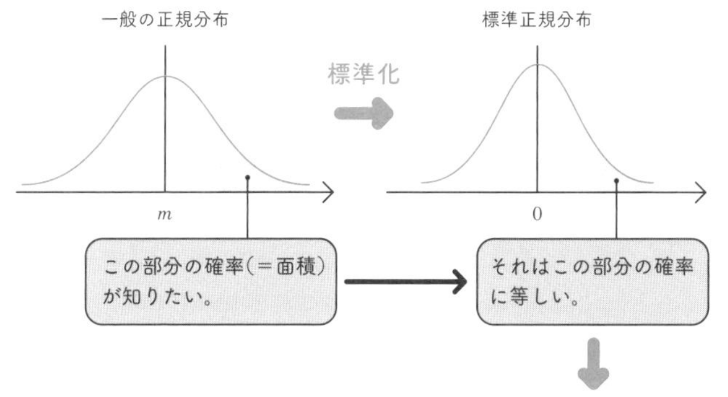

一般の正規分布を標準正規分布に変える計算を標準化といいます。

第4章 確率分布

テーマ

24 正規分布表で確率を読み取る

【1】 正規分布表の読み方

このテーマでは，正規分布表を用いて確率を読み取ってみましょう。

正規分布表で読み取ることのできる確率（＝面積）は，図の網掛けのような，$0 \leqq x \leqq a$ の部分です。「$a \leqq x \leqq b$ や $x \geqq a$ のときはどうするの？」という人もいると思いますが，その方法は【2】で説明します。

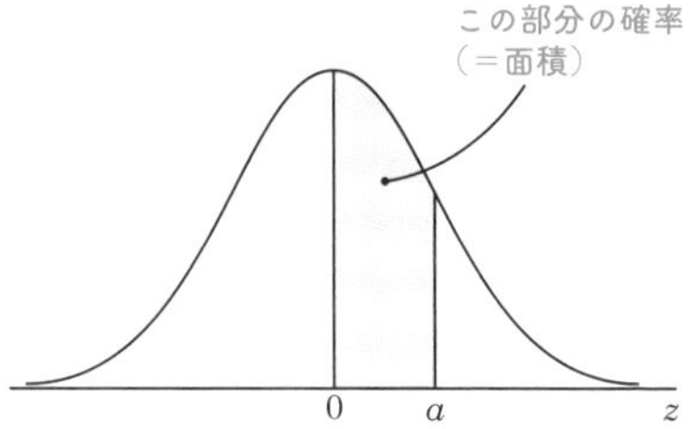

問題 24－1

確率変数 z が標準正規分布 $N(0,\ 1^2)$ に従っているとする。このとき，z が $0 \leqq z \leqq 1.23$ の範囲にある確率 $P(0 \leqq z \leqq 1.23)$ を，正規分布表を利用して求めよ。

求める確率は右の図の斜線部分の面積です。この問題では，まず上の図の「 a 」にあたる数に注目します。この問題では 1.23 ですね。$1.23 = 1.2 + 0.03$ のように「小数第 1 位まで」と「小数第 2 位」に分けて表から確率を読み取ります。ちなみに，正規分布表で確率を読み取る場合には，上の図の a の値は小数点以下第 2 位までが必要です。

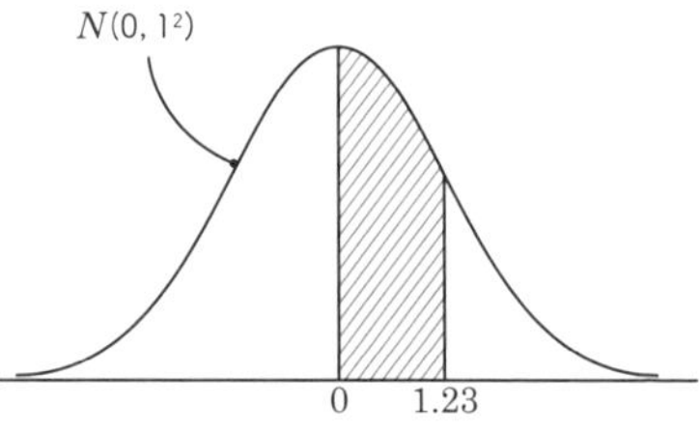

小数第1位まで　小数第2位

$$1.23 = 1.2 + 0.03$$

縦軸は「1.2」に注目。　横軸は「.03」に注目。

2つの注目したところからクロスした部分に求める確率が書いてあります。

A	.00	.01	.02	.03	.04	.05
0.0	0.0000	0.0040	0.0080	0.0120	0.0160	0.0199
0.1	0.0398	0.0438	0.0478	0.0517	0.0557	0.0596
0.2	0.0793	0.0832	0.0871	0.0910	0.0948	0.0987
0.3	0.1179	0.1217	0.1255	0.1293	0.1331	0.1368
0.4	0.1554	0.1591	0.1628	0.1664	0.1700	0.1736
0.5	0.1915	0.1950	0.1985	0.2019	0.2054	0.2088
0.6	0.2257	0.2291	0.2324	0.2357	0.2389	0.2422
0.7	0.2580	0.2611	0.2642	0.2673	0.2704	0.2734
0.8	0.2881	0.2910	0.2939	0.2967	0.2995	0.3023
0.9	0.3159	0.3186	0.3212	0.3238	0.3264	0.3289
1.0	0.3413	0.3438	0.3461	0.3485	0.3508	0.3531
1.1	0.3643	0.3665	0.3686	0.3708	0.3729	0.3749
1.2	0.3849	0.3869	0.3888	0.3907	0.3925	0.3944

［解答］

正規分布表から，確率変数 z が $0 \leqq z \leqq 1.23$ の範囲にある確率は，

$P(0 \leqq z \leqq 1.23) = 0.3907$

これで，正規分布を用いて確率を読み取ることができましたが，工夫が必要な場合もあります。どのように工夫をするのかについて，次の2題で説明しましょう。

【2】 正規分布表を用いた確率計算の 2 つの技法

〔1〕 くり抜く

【統計のツール 24−1】 技法1「くり抜く」ための知識

- 次の①，②を用いて「くり抜く」ことで確率を読み取る
  ①正規分布全部の面積（＝全確率）は 1
  ② y 軸より右側の面積（＝確率）はその半分だから 0.5

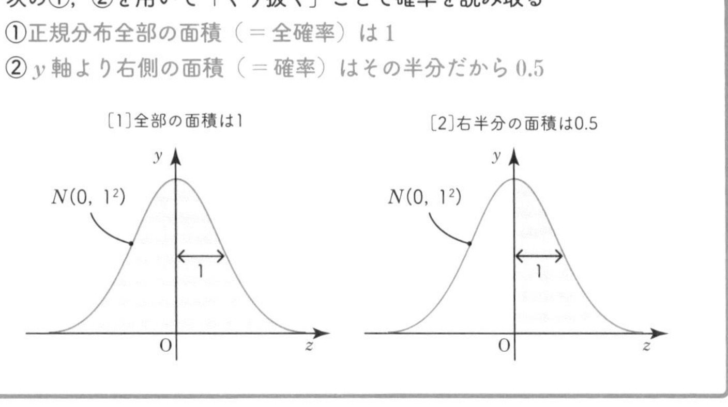

問題 24−2

確率変数 z が標準正規分布 $N(0,\ 1)$ に従っているとする。このとき，z が $0.86 \leqq z$ の範囲にある確率 $P(0.86 \leqq z)$ を求めよ。ただし，必要ならば $P(0 \leqq z \leqq 0.86) = 0.3051$ を使ってもよい。

〔解答〕

求める確率は図の濃い網かけ部分の面積です。そこで右半分の面積 0.5 から薄い網かけ部分の面積をくり抜きます。

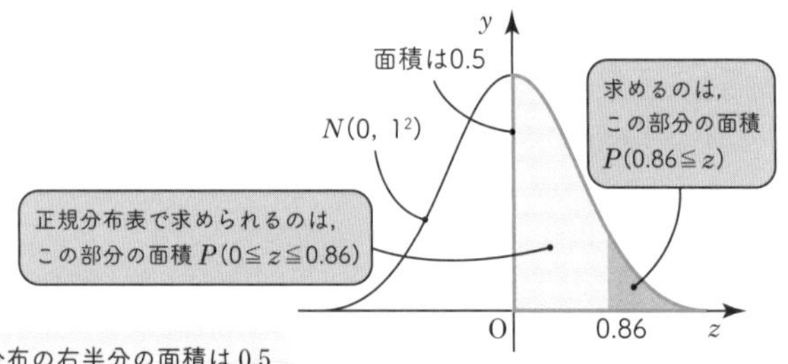

$$P(0.86 \leqq z) = 0.5 - P(0 \leqq z \leqq 0.86) = 0.5 - 0.3051 = 0.1949$$

〔2〕折り返す

【統計のツール24-2】 技法2「折り返す」ための知識

- 「折り返す」ことで確率を読み取る

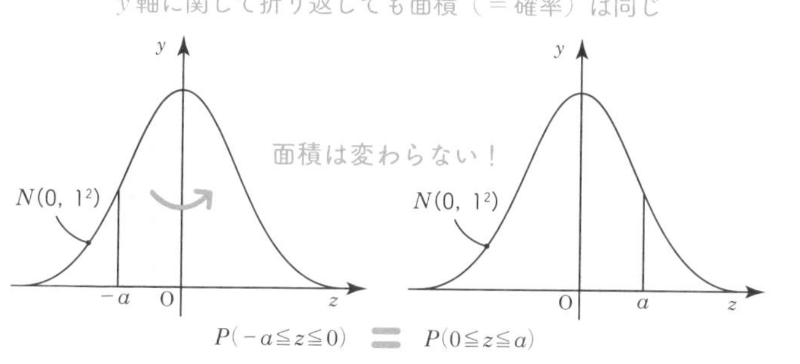

問題24－3

確率変数zが標準正規分布$N(0, 1)$に従っているとする。このとき，zが$-0.20 \leqq z \leqq 1.23$の範囲にある確率$P(-0.20 \leqq z \leqq 1.23)$を求めよ。ただし，必要ならば$P(0 \leqq z \leqq 0.20) = 0.0793$，$P(0 \leqq z \leqq 1.23) = 0.3907$を使ってもよい。

［解答］

はじめに正規分布表が直接使える確率$P(0 \leqq z \leqq 1.23)$と直接使えない確率$P(-0.20 \leqq z \leqq 0)$に分けます。

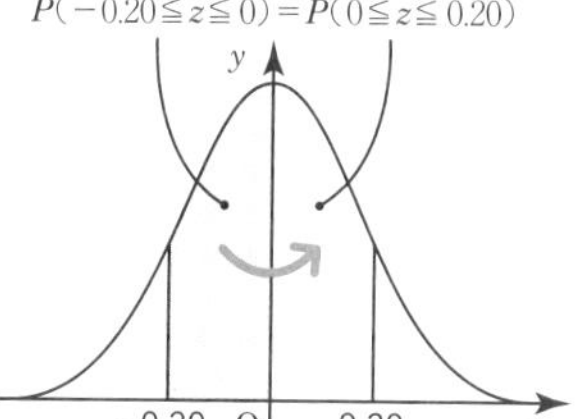

$$
\begin{aligned}
&P(-0.20 \leqq z \leqq 1.23) \\
&= \underline{P(-0.20 \leqq z \leqq 0)} \\
&\quad + P(0 \leqq z \leqq 1.23) \\
&= \underline{P(0 \leqq z \leqq 0.20)} + P(0 \leqq z \leqq 1.23) \\
&= 0.0793 + 0.3907 \\
&= 0.47
\end{aligned}
$$

$P(-0.20 \leqq z \leqq 0)$
$= P(0 \leqq z \leqq 0.20)$

テーマ 25 標準化の考え方

【1】 正規分布の標準化の基礎

このテーマでは，標準化の考え方について説明します。考えやすくするために，はじめに棒グラフで考えます。

10	40	30	40
50	60	50	60
30	20	70	20
40	50	30	40

右の表は，高校生 16 人のテストの点数であるとします。このテストの平均は 40 点，標準偏差は約 16 点です。また，このデータは右の棒グラフで表せます。この棒グラフも左右対称のつりがね型に近いので，正規分布みたいですね。

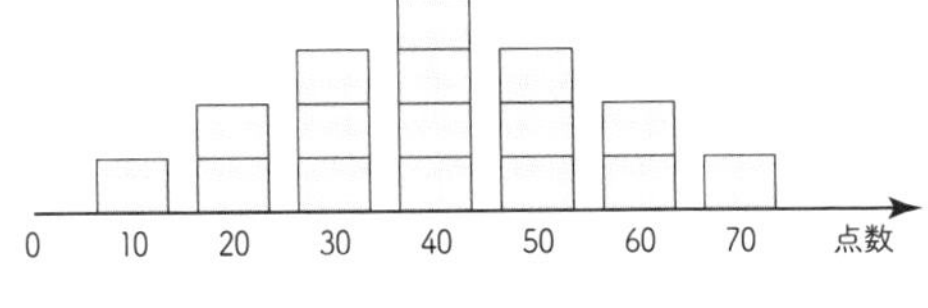

これを平均 0，標準偏差 1 のグラフに変形してみましょう。手順は 2 つです。

【手順 1】全員の点数から平均点を引く

全員の点数から平均 40 点を引くと右の表が得られます。

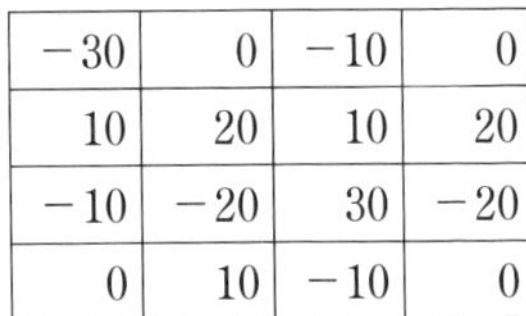

−30	0	−10	0
10	20	10	20
−10	−20	30	−20
0	10	−10	0

このテスト結果の平均は 0 点，標準偏差は変わらず約 16 点です。標準偏差はデータの散らばりの程度を表すので，全員から 40 点を引いても散らばりの程度は変わらないのですね。グラフのいちばん盛り上がっているところの点数が 0 点（平均点）になっています。

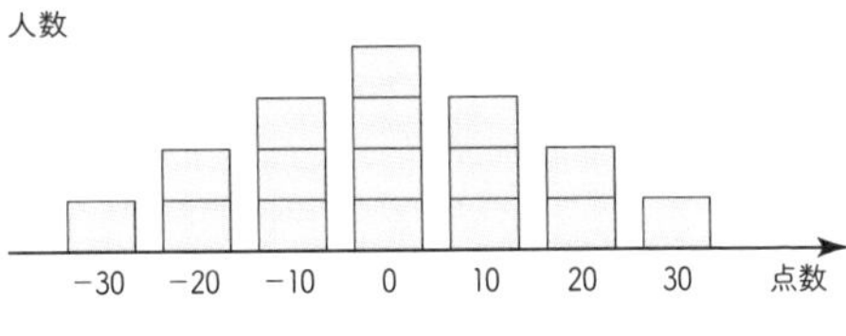

【手順 2】全員の点数を標準偏差で割る

−1.875	0	−0.625	0
0.625	1.25	0.625	1.25
−0.625	−1.25	1.875	−1.25
0	0.625	−0.625	0

次に，全員の点数を標準偏差 16 点で割ると，右の表が得られます。点数が小数なので，わかりにくいデータになった印象がありますが，このデータの平均は 0 点，標準偏差は 1 点なので，グラフの位置と形はわかりやすくなっているのです。上の図では棒グラフが横に広がっていたのですが，右の図では散らばりの程度が小さくなり，少し高くなりました。横への広がりが変わると高さも変わるのですね。

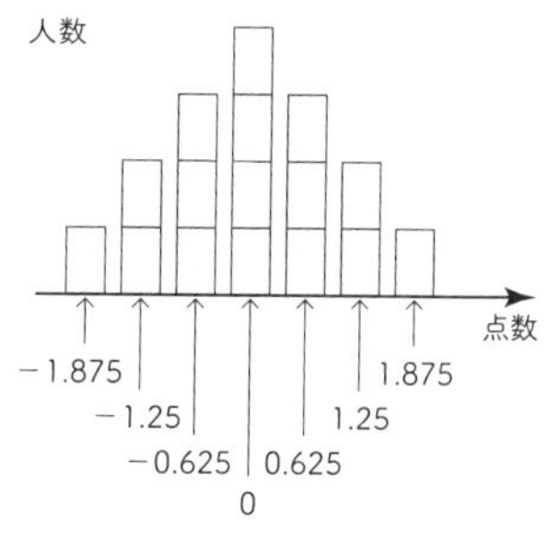

以上の手順でグラフがどのように変化したかみると，下の図のようになります（わかりやすくするために実際の動きと少し変えてあります）。

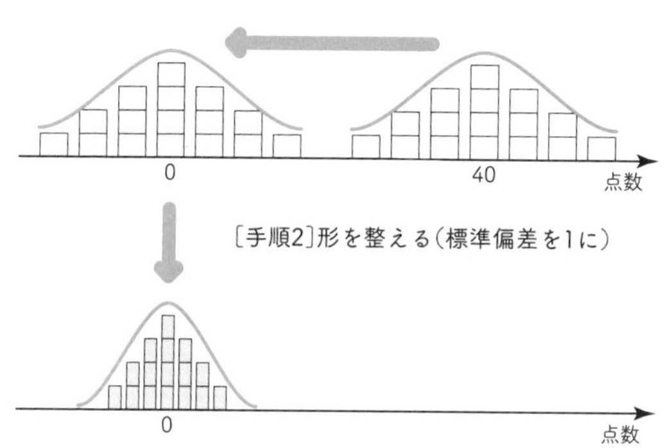

【2】 標準得点〜分布の異なる点数を比べる〜

問題 25－1

タカヒロ君は定期テストで次の点数をとった。

数学　60 点（クラスの平均 50 点，標準偏差 5 点）

英語　80 点（クラスの平均 60 点，標準偏差 20 点）

タカヒロ君は，数学は平均点よりも 10 点上回り，英語は平均点よりも 20 点上回ったことから，自分はクラスの中で英語が得意であると考えました。このことが正しいか，標準得点を計算して検証せよ。

さて，標準化すると，どのようなよいことがあるのでしょうか？　実は「平均 50 点で 60 点とったときと，平均 60 点で 80 点とったときでは，どちらがクラス全体で上にあるか」といったように，異なるデータ（この場合は数学の点数と英語の点数）を比較する場合に標準化を利用すると便利です。

数学の点数の分布と英語の点数の分布は異なる（つまり，グラフが異なる）ので，同じ形の分布にして比べようというわけです。標準化は 2 つの手順で計算しました。手順 1 ではテストの点数から平均点を引き，手順 2 では標準偏差で割りました。この計算を公式としてまとめると，次のようになります。

$$\text{標準化}：\frac{\text{データの値}-\text{平均}}{\text{標準偏差}}$$

データをこの式で計算し直すことによって，次ページの図のように異なる分布のデータを比べるときに，2 つの分布が同じ形になり，比べやすくなるのです。

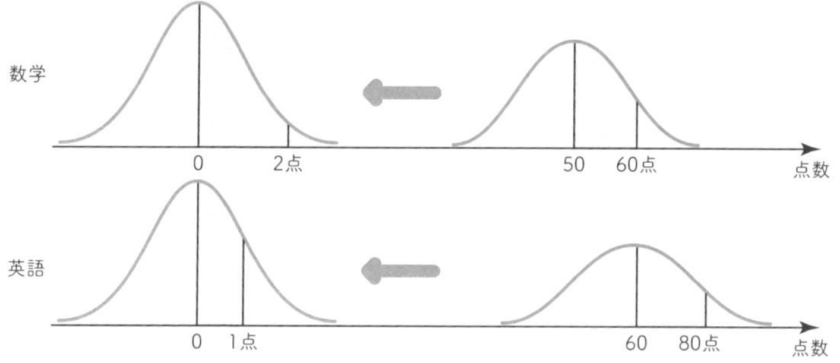

〔解答〕

数学の標準得点 $= (60 - 50) \div 5 = 2$〔点〕

英語の標準得点 $= (80 - 60) \div 20 = 1$〔点〕

数学は，もとの分布では60点でしたが，標準化した分布では2点です。英語の方は，もとの分布では80点でしたが，標準化した分布では1点です。

したがって，分布をそろえると，数学の方が高いので，タカヒロ君の考えは誤りであるといえます。

平均点よりも何点上回っているかだけでは喜べないことがわかりました。平均点よりも大きく上回っていても，クラス全体で点数の散らばりの程度が大きければ，他にも平均点を大きく上回る人がいるということです。

【統計のツール 25−1】 標準化

①平均値と標準偏差の異なる2種類のデータを比較する場合には，

$$\text{標準化}：\frac{\text{データの値} - \text{平均}}{\text{標準偏差}}$$

を計算して比較すればよい。

②データを x，平均を m，標準偏差を σ とすれば，標準化した値 z は次の式で表せる。

$$z = \frac{\text{データの値} - \text{平均}}{\text{標準偏差}} = \frac{x - m}{\sigma}$$

テーマ

26 正規分布の標準化

【1】 正規分布を標準正規分布へ変える

テーマ25で考えたように，異なる分布を比べようとする場合，分布の形をそろえれば比べやすくなりました。このテーマでは，異なる正規分布を比べるとき，分布の形を標準正規分布にそろえるための計算（標準化）を説明します。といっても，実はその計算はテーマ25で既に説明しておりました。それを正規分布にあてはめると次のようになります。

【統計のツール26−1】 正規分布の標準化

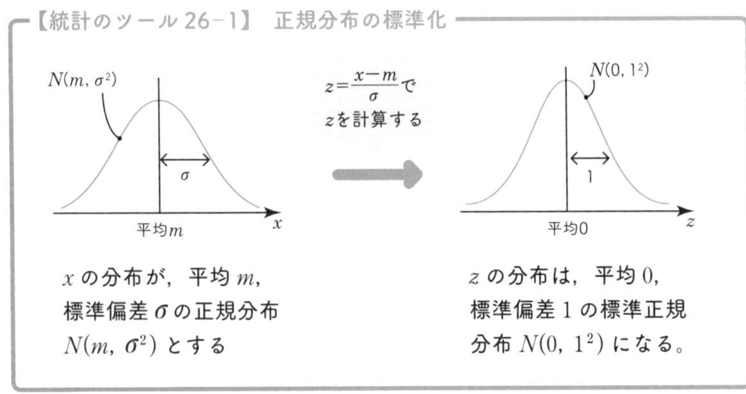

正規分布を標準正規分布に変形することで，正規分布表を使って確率が読み取れるようになるのです。

問題 26－1

確率変数 x が正規分布 $N(5,\ 2^2)$ に従うとき，確率 $P(5 \leqq x \leqq 6)$ を求めよ。ただし，必要ならば正規分布表から読み取れる $P(0 \leqq z \leqq 0.5) = 0.1915$ を用いてよい。

求める確率は**図 1** の斜線部の面積です。x の分布は平均 5，標準偏差 2 の正規分布なので，

$$z = \frac{x - m}{\sigma} = \frac{x - 5}{2}$$

によって z を求めると，z の分布は標準正規分布 $N(0,\ 1^2)$ になります。

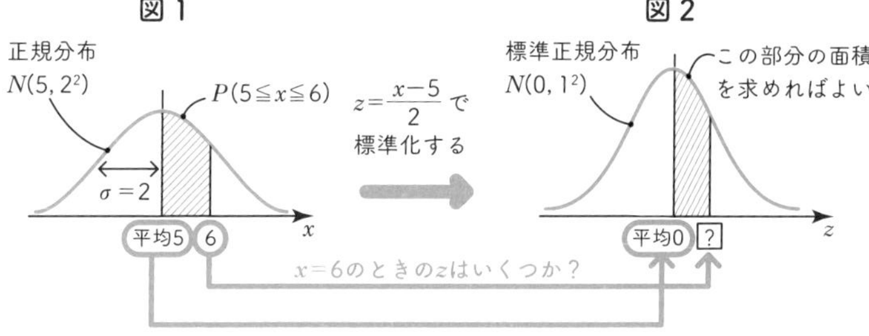

求める確率は**図 2** の斜線部分の面積になりますが，グラフを変形しているので，**図 1** の $5 \leqq x \leqq 6$ の部分が，**図 2** ではどのような範囲になるか求める必要があります。そこで，

$$x = 5 \text{ のとき } z = \frac{5 - 5}{2} = 0,\quad x = 6 \text{ のとき } z = \frac{6 - 5}{2} = 0.5$$

と計算すれば，**図 1** の $5 \leqq x \leqq 6$ は，**図 2** の $0 \leqq z \leqq 0.5$ になることがわかります。つまり，$P(5 \leqq x \leqq 6) = P(0 \leqq z \leqq 0.5)$ となるのです。

〔解答〕

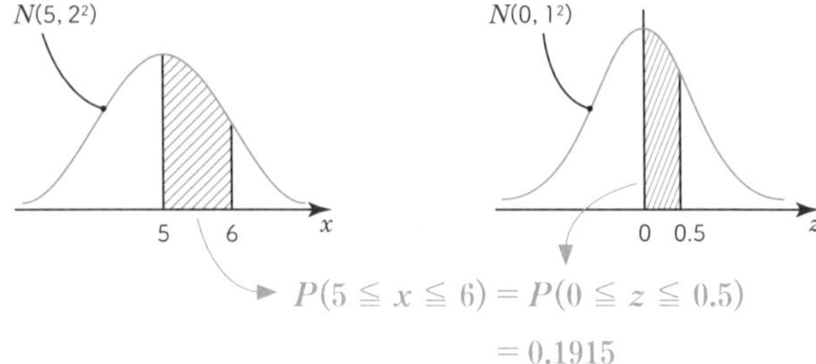

以上の内容を次のようにまとめます。

【統計のツール 26−2】 正規分布の標準化と確率

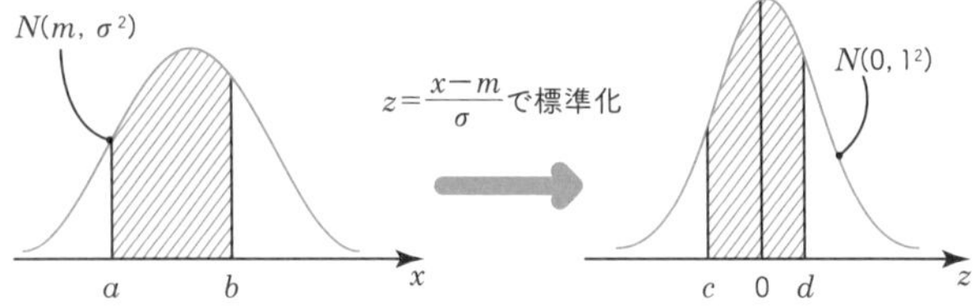

$N(m,\ \sigma^2)$ で x が $a \leqq x \leqq b$ の値をとる確率（面積）は，

$$c = \frac{a - m}{\sigma},\quad d = \frac{b - m}{\sigma}$$

を計算すれば，標準正規分布 $N(0,\ 1^2)$ で $c \leqq z \leqq d$ の値をとる確率（面積）に等しい。つまり，

$$P(a \leqq x \leqq b) = P(c \leqq z \leqq d)$$

【2】 正規分布の応用

問題 26－2

ある国の高校 1 年生の女子の身長 x の平均は 156 cm であり，標準偏差は 4.8 cm である。身長の分布が正規分布であるとすれば，この国の高校 1 年生の女子の中で身長が 160 cm 以上の生徒はおよそ何％いるか。ただし，必要ならば正規分布表から読み取れる $P(0 \leqq z \leqq 0.83) = 0.2967$ を用いてよい。

求めるのは，高 1 女子全体の中で 160 cm 以上の生徒の割合なので，**図 1**（平均 156，標準偏差 4.8 の正規分布）で斜線部の面積（確率）です。

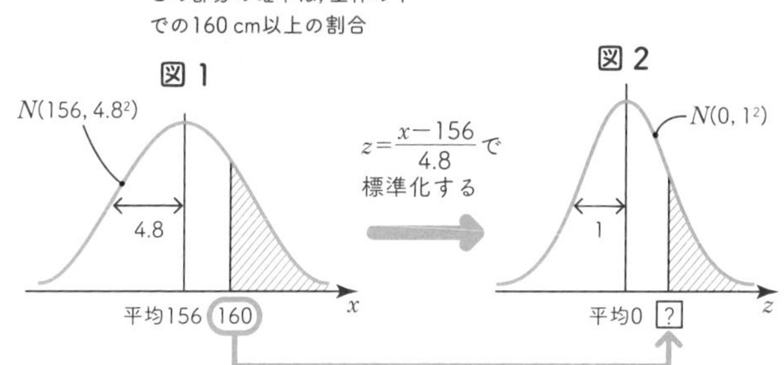

〔解答〕

高校 1 年生女子の身長 x は，平均 156 cm，標準偏差 4.8 の正規分布をなしている（したがっている）。そこで $x=160$ に対応する z を求めると，

$$x=160 \text{ のとき，} z=\frac{x-m}{\sigma}=\frac{160-156}{4.8}=0.833\cdots \fallingdotseq 0.83$$

したがって，

$$P(160 \leqq x) = P(0.83 \leqq z)$$ 図 2 の？は 0.83

$$= 0.5 - P(0 \leqq z \leqq 0.83)$$

$$= 0.5 - 0.2967 = 0.2033 \quad (20.33\ \%)$$

よって，身長 160 cm 以上の生徒はおよそ 20.33 ％いる。

第 4 章 確率分布

テーマ
27 標本平均の分布

【1】 母平均と標本平均，母分散と標本分散

このテーマでは，統計を使って特徴を調べたくても，すべてのデータが集められない場合について考えます。例えば，日本中の女子高生の身長について調べたいとします。でも，日本中の女子高生全員のデータを集めるには時間や労力，費用がかかって大変です。そこで，偏りのないように一部の女子高生のデータを取り出して平均身長と分散を計算し，その値から日本中の女子高生の平均身長や分散を推定しようと考えます。

母集団（日本中の女子高生）

標本（一部の女子高生）

無作為抽出

平均（母平均）
分散（母分散）

推定したい！

平均（標本平均）
分散（標本分散）

まず，用語を整理しておきましょう。この例の場合，日本中の女子高生全体を母集団といいます。母集団における変量 x（ここでは身長）の平均値を母平均といい，分散を母分散といいます。

次に，母集団から一部の生徒を選びます。このとき，バレー部の生徒ばかりを選ぶと平均身長が母集団の平均身長と大きくずれてしまう可能性が生じます。そこで，偏りのないように一部の生徒を選びます。このことを無作為抽出といい，選ばれた一部の生徒を標本といいます。標本なら母集団と比べてデータの数が少ないので，平均や分散を求めやすいです。ここで，標本の変量について，その平均のことを標本平均といい，分散のことを標本分散といいます。

【2】 標本平均の期待値と分散

日本中の女子高生を母集団とし，その平均身長（母平均）を求めたいと思っても調査をするのは大変です。そこで，3 人分のデータ（少なすぎますが）を選んで平均身長（標本平均）を求めたところ，153.3 cm だったとします。このとき，日本の女子高生の平均身長は 153.3 cm だと推定することもあります（このことを点推定といいます）。しかし，もう一度，無作為に 3 人のデータを選んで平均身長（2 回目の標本平均）を求めたところ，155.0 cm になりました。このとき，最初の値 153.3 cm と 2 番目の値 155.0 cm のどちらを母平均の推定値とすればよいでしょうか。

心配性の人は，さらにもう一度無作為に 3 人のデータを選んで平均身長（3 回目の標本平均）を求めるかもしれません。このとき，151.7 cm だったとします。こうなると，153.3 cm，155.0 cm，151.7 cm のどれを母平均の推定値とするか考えようとしてもきりがないように思えてきます。くり返すたびに異なる値が出てくるからですね。

私たちは，3 人の身長データから日本中の女子高生の平均身長が，どの程度の値になるか知りたいですし，また，標本平均を計算するたびに大きく離れた値が出てくると推定しにくいことから散らばりの程度も知りたいのです。つまり，標本平均は平均するとどの程度の値か（標本平均の期待値），標本平均の散らばりはどの程度か（標本平均の分散）を知りたいのです。このことについて，下の性質が成り立つことがわかっています。

【統計のツール 27−1】 標本平均の期待値と分散

- 母平均 m，母分散 σ^2 の母集団から無作為に大きさ n の標本を抽出するとき，

① 標本平均の期待値 = 母平均 m

② (標本平均の分散) × (標本の大きさ n) = 母分散

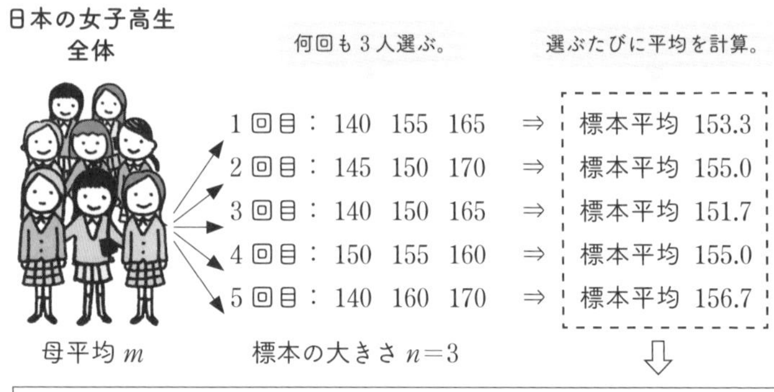

①標本平均は，平均すると母平均に近くなっていくと期待できる
②標本平均は，母平均の近くの値をウロウロする

①は，何度も選んで標本平均を求めていくと，その平均は母平均 m になると期待できることを意味しています。

②は，下の図をみてもわかりますが，標本平均は母平均付近をウロウロしているので，標本平均の散らばりの程度（分散）は母集団の身長データ全体の分散よりも小さくなります。②は，標本平均の分散を n 倍（この場合は3倍）すると，母集団の分散になることを意味しています。

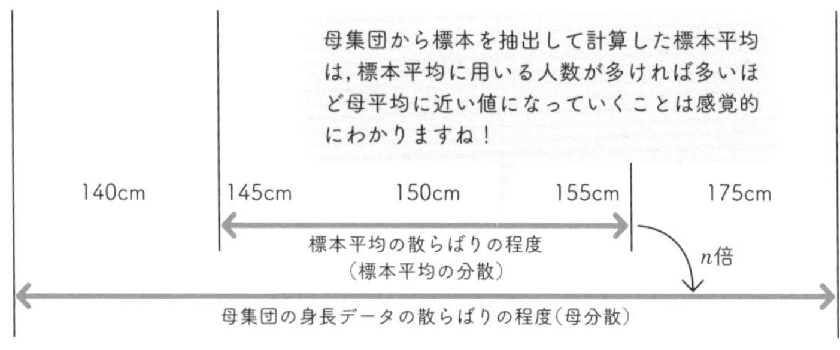

問題 27－1

全国の高校生に対して一斉に数学のテスト（100 点満点）を行った。その結果，平均点（母平均）は 60 点，分散（母分散）は 25 点であった。この母集団から無作為に 25 人分の点数を抽出して，その平均点（標本平均）を考える。

(1) 標本平均の期待値を求めよ。つまり，無作為に 25 人を選んで平均点を求めることをくり返すとき，平均すると何点になっていくと期待できるかを求めよ。

(2) 標本平均の分散を求めよ。つまり，無作為に 25 人を選んで平均点を求めることをくり返すとき，それらの平均値の散らばりの程度（分散）を求めよ。

〔解答〕

(1) 標本平均の期待値 = 母平均 = 60〔点〕

(2) (標本平均の分散) × (標本の大きさ) = (母分散) より，

(標本平均の分散) × 25 = 25

したがって，(標本平均の分散) = 1

この問題は母平均（全国の高校生のテスト結果）がわかっていることが前提でした。しかし，実際には母平均はわからないことが多いです（わかっていたら標本なんて取り出す必要はないですし）。そこで，一部の高校生の平均点（標本平均）から全国の高校生の平均点（母平均）を推測するのですが，このとき，標本平均が母平均にどの程度近い値であるかが重要で，それを知るための道具が標本平均の分布です。

【3】 標本平均の分布と使い方

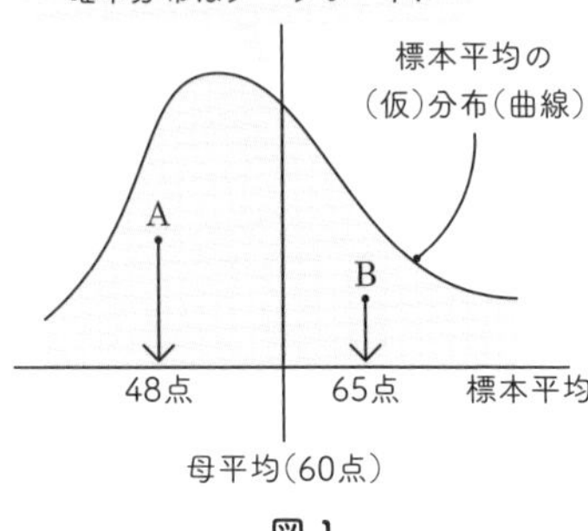

図 1

確率分布はダーツボードをイメージするとわかりやすいでしょう。ダーツは，突き刺さった場所に応じて得点が入るゲームですね。当然，面積の広い部分には刺さりやすいし，中心部分の面積の狭い部分には刺さりにくいです。普通，ダーツボードは円形ですが，確率分布では**図 1** のような形をしたダーツボードをイメージします。面積の大きい部分には刺さりやすく，面積の小さい部分には刺さりにくいですね。例えば，全国の高校生に対するテストの点数を考えて，その標本平均の分布が**図 1** のようになっているとします。このとき，点 A の得点の部分には比較的刺さりやすく（起こりやすく），点 B の得点の部分には比較的刺さりにくい（起こりにくい）です。さらに，点 A に刺さった場合の得点は横軸の値 48 点で，点 B に刺さった場合の得点は横軸上の値 65 点です。このことは，全国の高校生のテスト結果から一部を取り出して平均を計算することをくり返すと 48 点になりやすく，それと比べると 65 点にはなりにくいことを意味しています。

つまり，標本平均の分布は，何度も標本を抽出してその都度平均を計算した場合，どのような値になりやすく，どのような値はなりにくいかがわかるグラフ（ダーツボード）です。

標本平均の分布は，その形と位置をみれば，母平均の推定がどの程度正しくできそうかがわかります。

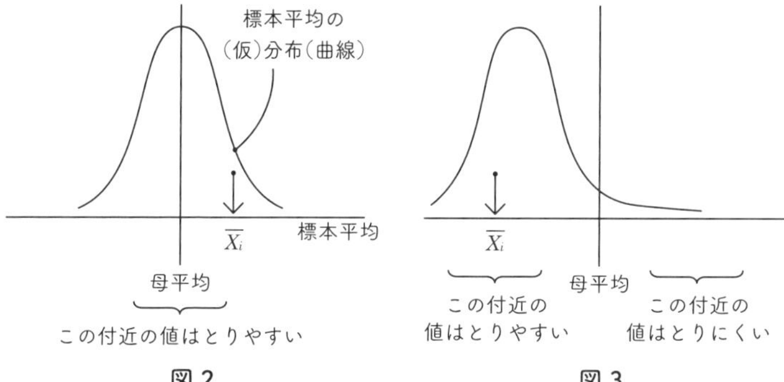

図 2　　図 3

例えば，標本平均の分布が**図 2** のようになっている場合，標本平均は母平均の近くの値が比較的多いことがわかります。つまり，何人かの高校生のデータを選んで平均点（標本平均）を求めると，全国の高校生の平均点（母平均）に近い値が比較的多いことがわかります。このような場合，標本平均から母平均は推定しやすいわけです。

一方，標本平均の分布が**図 3** のようになっている場合，標本平均は母平均から離れた値が比較的多くなっています。これでは，標本平均から母平均は推定しにくいわけです。

このように，標本平均の分布がどのようなものであるかによって，標本平均を計算したときに母平均に近い値をとりやすいか，そうでないかがわかります。ですから，標本平均の分布の位置と概形がとても重要になるのです。そして，標本平均の分布として最もよく考えられるのが正規分布です。なぜ正規分布かというと，実は，次のように，母集団から抽出する標本の大きさが大きければ大きいほど，標本平均の分布が正規分布に近づいていくことがわかっているからです。

【統計のツール 27−2】 標本平均の分布

例）全国テストの結果（点数と人数）の分布

①正規分布とは限らない

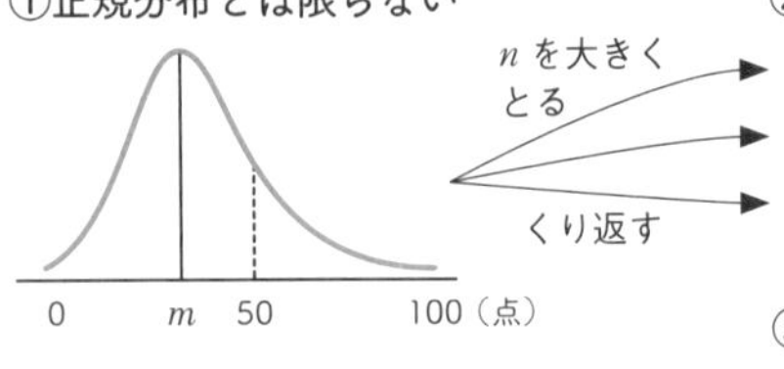

（受験者３万人）

②n 人選んで標本平均を計算

１回目の標本平均　m_1 点

２回目の標本平均　m_2 点

⋮

⇓

③標本平均が何点になりやすいかがわかるのが標本平均の分布

母平均 m，母分散 σ^2 の母集団①から，無作為に大きさ n（大きい）の標本を取り出すとき②，標本平均の分布は，平均 m，標準偏差 $\dfrac{\sigma}{\sqrt{n}}$ の正規分布 $N\left(m, \dfrac{\sigma^2}{n}\right)$ に近い。

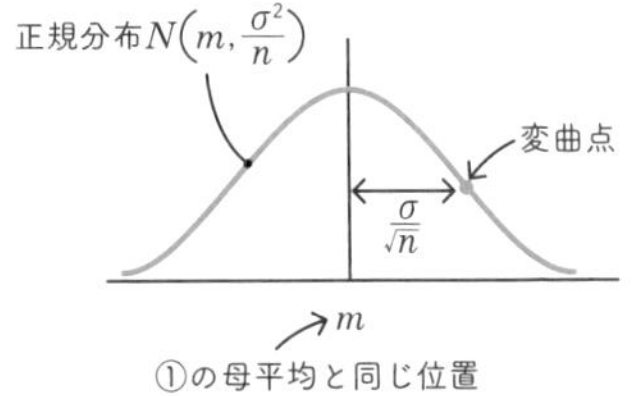

右上のグラフにおいて，標準偏差（横への広がり）は $\dfrac{\sigma}{\sqrt{n}}$ です。分母に n があるので，n が大きくなると，標準偏差は小さくなり，グラフは横へは広がらなくなります。このことは，母平均 m をあてやすいダーツボードになることを意味しています。

以上は母平均に関するお話でしたが，テレビの視聴率など比率のデータの場合，母集団のデータの比率を母比率，標本のデータの比率を標本比率といい，これらのことに関しても，上と同様に次のことがわかっています。

【統計のツール 27−3】 母比率と正規分布

- ある内容について母比率 p をもつ母集団から無作為に大きさ n の標本を抽出するとき，標本比率の分布は，n が大きくなればなるほど，

　平均 p　　分散 $\dfrac{p(1-p)}{n}$　　標準偏差 $\sqrt{\dfrac{p(1-p)}{n}}$

　の正規分布に近づいていく。

第 5 章

統計的な推測

統計的な推測には，視聴率など，一部のデータから全体の様子を推測する「推定」と，予想したことを統計的に判断する「検定」があります。本章では，推定と検定の基本を学びます。

テーマ
28 推定

【1】 2種類の推定

母集団をくまなく調べることが難しい場合には，一部のダンゴムシを採集して母集団の平均体長を推定します。推定には2種類あり，1つは点推定，もう1つは区間推定といいました。以下に示すように，点推定は1つの値で推定し，区間推定は値に幅をもたせて推定するのでしたね。

点推定　　平均はズバリ，コレくらいだ！

区間推定　平均体長はコレ以上コレ以下くらいかな

問題 28－1　点推定と区間推定

ダンゴムシを100匹採集して標本平均を求めたあと，日本中のダンゴムシの平均体長を次の(1)と(2)のように推定した。それぞれの推定方法は点推定，区間推定のいずれであるか答えよ。

(1) ダンゴムシの平均体長は6 mmと推定される。

(2) ダンゴムシの平均体長は5.5 mm以上6.5 mm以下と推定される。

［解答］

(1) 1つの値で推定しているので，点推定。

(2) 値に幅をもたせて推定しているので，区間推定。

日本中のダンゴムシ全体（母集団）　　100匹のダンゴムシ（標本）

抽出 ⇨

推定

点推定　：平均は6 mmくらい
区間推定：平均は5.5～6.5 mmくらい

本当は次に説明する信頼度とともに推定する必要があります。

【2】 母平均の区間推定

推定には，日本中のダンゴムシの平均体長を推定する母平均の推定と，視聴率のように割合を推定する母比率の推定があります。

問題 28－2

ある製パン工場で大量に焼かれたパンの中から，400 個を無作為抽出して重さをはかったところ，平均値 200 g，標準偏差 5 g だった。このパンの平均重量について信頼度 95 % で信頼区間を求めよ。

問題を解釈すると…

この製パン工場で焼かれるパンの平均重量を知りたいとします。でも，この工場で焼かれるパンはたくさんありますし，今後焼かれるパンも含めるとすべてのパンの重量データ（母集団）を集めるわけにはいきません。

そこで，400 個のパンだけを無作為抽出（意図的に大きいものばかりを選ぶことなどはしないということ）して平均重量を測ったところ，200 g だったというわけです。だから，何となく母平均（母集団の平均。つまり，この工場で焼かれるすべてのパンの平均重量）も 200 g の近くになりそうです。でも，断言はできません。そこで，この 200 g を含む範囲を使って

「95 % の確率で母平均は△以上□以下と推定できる」

と答えるのです。確率「95 %」を信頼度といい（95 % という数値がよく用いられます），「△以上□以下」を信頼区間とよびます。

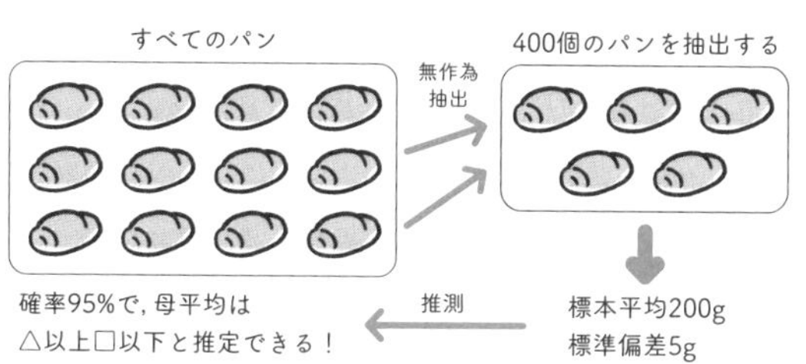

〔解答〕

【手順1】状況を理解する

パンの重量を x g として，その母集団（これからつくられるパンも含む）の平均（母平均）を μ，標準偏差を σ とします。問題文にある平均（標本平均）は1回400個だけ取り出して計算したもので，本当の平均（母平均 μ）ではありません。そこで，μ の値はどの程度か推定します。

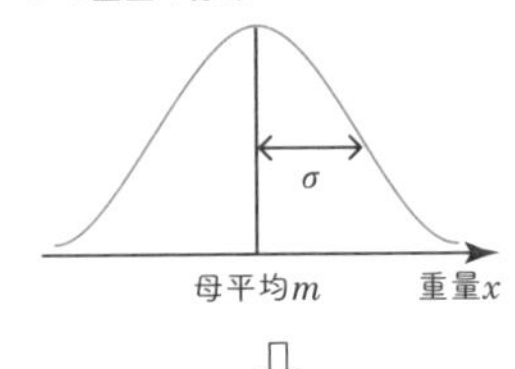

⇩

「400個取り出して標本平均を計算」をくり返すとしたとき，得られる標本平均たちは下の分布になる

⇩

【手順2】標本平均の分布を考える

標本平均をくり返し求めたとすれば，それらは，平均 m，標準偏差 $\frac{\sigma}{\sqrt{n}}$ $\left(分散\frac{\sigma^2}{n}\right)$ の正規分布に近いことが【統計のツール27–2】からわかっています。ここで取り出す個数 n は400，標準偏差 σ はわかっていないのですが，とりあえず1回だけ400個を選んで計算した5 g で代用します。つまり，標本平均の分布（どの値になりやすいか）は，正規分布 $N\left(m, \frac{5}{\sqrt{400}}\right)$ になることがわかります。$\rightarrow \frac{5}{\sqrt{400}} = \frac{5}{20} = 0.25$

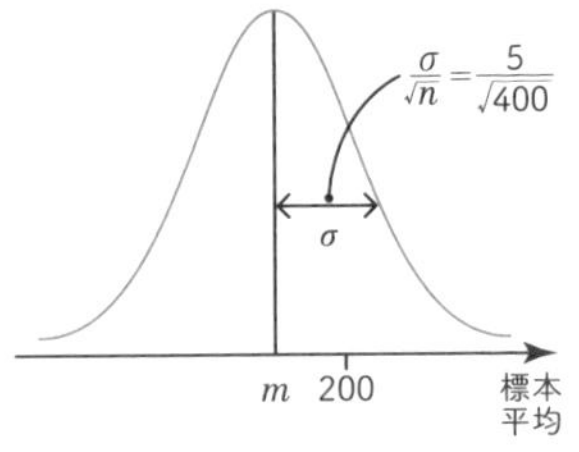

400個だけ選んで計算した平均200 gは母平均 m に近い値をとるはず…

【手順3】標準化して標準正規分布で考える

400個だけ取り出して計算した標本平均200 gが母平均mの近くにいるはずだと考えます。つまり，高確率で200 gがmの近くにいると考えます。

正規分布で確率を考えるときは標準正規分布に変形するのでしたね。標準化により，

・母平均mは0になる

・200 gは，$\dfrac{200-m}{0.25}$になる

標準化の計算は，平均mを引き標準偏差0.25で割りました

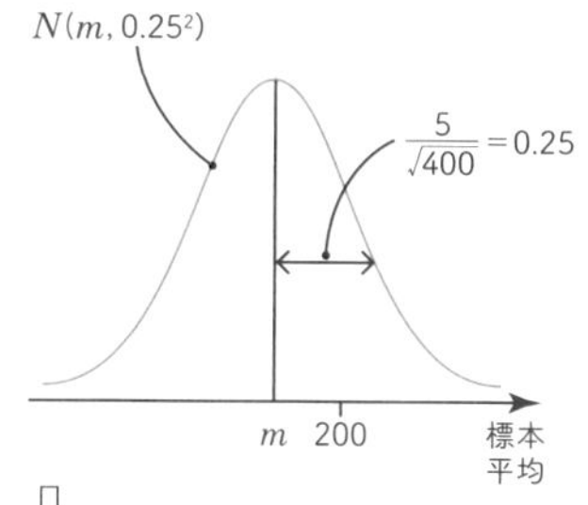

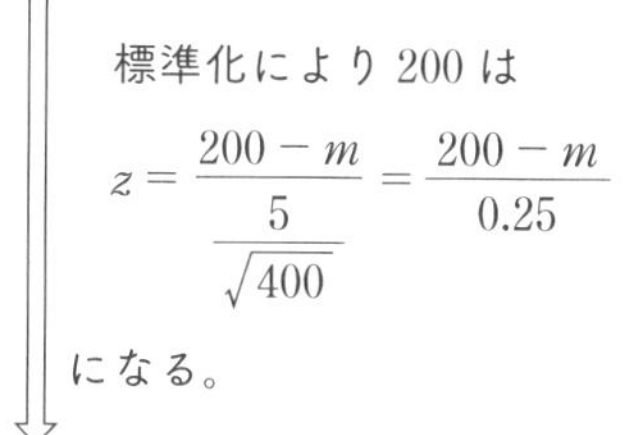

$$z=\frac{200-m}{\frac{5}{\sqrt{400}}}=\frac{200-m}{0.25}$$

になる。

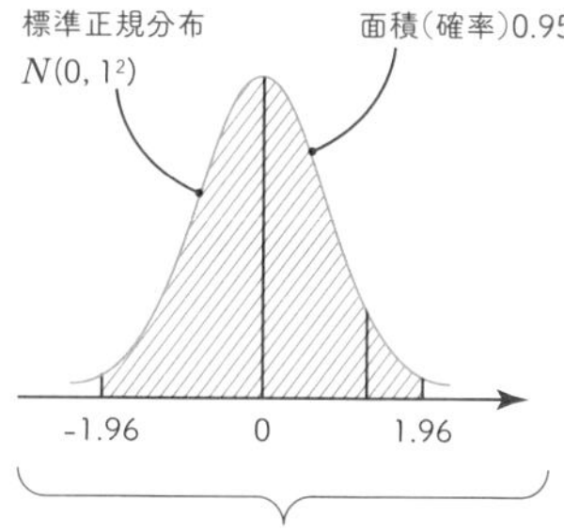

－1.96以上1.96以下の値をとる確率は0.95！　この範囲にzの値が入っていればOK！

【手順4】母平均mの区間推定を求める

実は標準正規分布では－1.96以上1.96以下の値を確率変数がとる確率が95％であることが知られています。これを利用すると，

$z=\dfrac{200-m}{0.25}$が95％の確率で0（平均）の近くにいることは，

$$-1.96 \leqq \frac{200-m}{0.25} \leqq 1.96$$

と表せます。これを変形すると，

$$-1.96\times 0.25 \leqq 200-m \leqq 1.96\times 0.25$$

$$200-1.96\times 0.25 \leqq m \leqq 200+1.96\times 0.25$$

$199.51 \leqq m \leqq 200.49$　　よって，199.51以上200.49以下

問題を解き終えたので，文字で考えます。標本平均を$\overline{x}$，母平均をm，標準偏差をσ，取り出す個数をnとすると，$\dfrac{\overline{x}-m}{\dfrac{\sigma}{\sqrt{n}}}$が$-1.96$以上$1.96$以下にある場合を考えて，

$$-1.96 \leqq \frac{\overline{x}-m}{\dfrac{\sigma}{\sqrt{n}}} \leqq 1.96$$

$$-1.96 \times \frac{\sigma}{\sqrt{n}} \leqq \overline{x}-m \leqq 1.96 \times \frac{\sigma}{\sqrt{n}}$$

$$\overline{x}-1.96 \times \frac{\sigma}{\sqrt{n}} \leqq m \leqq \overline{x}+1.96 \times \frac{\sigma}{\sqrt{n}}$$

母平均mを推定する式がわかった

以上をまとめます。

【統計のツール 28−1】 母平均の区間推定

【手順 1】母平均の区間推定に必要な量を準備する

必要なもの①）標本の大きさn（いくつ取り出したか）

必要なもの②）標本標準偏差σ（母標準偏差を用いることもある。nが大きいときは標本標準偏差を用いてもよい）

必要なもの③）標本平均$\overline{x}$（nの値が大きいとき，母平均もこのくらいになりそう）

【手順 2】公式を使って母平均を区間推定する

信頼度 95 ％で母平均mの区間推定の範囲（信頼区間）は，

$$\left(\overline{x}-1.96 \times \frac{\sigma}{\sqrt{n}}\right)\text{以上}\left(\overline{x}+1.96 \times \frac{\sigma}{\sqrt{n}}\right)\text{以下}$$

【3】 母比率の区間推定

問題 28－3

1700 万台のテレビの中から 400 台を無作為抽出して，ある番組をみたテレビの台数を調べたところ，80 台だった。この番組の視聴率の母比率 p に対して，信頼度 95 %の信頼区間を求めよ。

母比率（%，割合）も母平均と同じように考えることができます。

【統計のツール 28−2】 母比率の区間推定

【手順 1】母比率の区間推定に必要な量を準備する

必要なもの①）標本の大きさ n（いくつ調べたか）

必要なもの②）標本比率 R（母比率がどのくらいになりそうか）

【手順 2】母比率の区間推定の公式を使う

信頼度 95 %で母比率の区間推定の範囲（信頼区間）は，

$$\left(R-1.96\times\sqrt{\frac{R(1-R)}{n}}\right)\text{以上}\left(R+1.96\times\sqrt{\frac{R(1-R)}{n}}\right)\text{以下}$$

〔解答〕

この番組を視聴していたのは 400 台中 80 台だから，標本比率 R は，

$$R=\frac{80}{400}=0.2\quad(20\ \%)$$

標本の大きさは $n=400$，標本比率は $R=0.2$ なので，

$$1.96\times\sqrt{\frac{R(1-R)}{n}}=1.96\times\sqrt{\frac{0.2(1-0.2)}{400}}$$

$$=1.96\times\frac{\sqrt{0.4^2}}{20}=0.0392$$

この値を用いると，

$$R\pm1.96\times\sqrt{\frac{R(1-R)}{n}}=0.2\pm0.0392=0.2392\text{ および }0.1608$$

したがって，この番組の視聴率は 95 %の確率で 0.1608（約 16 %）以上 0.2392（約 24 %）以下だと推定することができる。

テーマ
29 検定①

検定は仮説を立てて，それがどの程度正しいかを統計を使って判断する方法です。テーマ15において検定の考え方を説明しましたが，このテーマでは問題を解きながら検定を理解しましょう。まずはテーマ15の類題から始めます。なお，検定の手順は【統計のツール15−1】(p.72)をみてください。

【1】 基本的な検定の問題

問題 29−1

表と裏の出やすさが異なるのではないかと疑われるコインがある。このコインを6回投げたところ6回とも表が出た。有意水準5％で，このコインは表と裏の出やすさが同じかどうか検定せよ。

【手順1】帰無仮説を立てる

帰無仮説は「コインの表と裏の出やすさは同じである」

対立仮説は「コインの表と裏の出やすさは異なる」

検定は帰無仮説を前提として次の確率を計算します。

【手順2】実際に起こったことの起こりやすさ（確率）を計算する

コインの表と裏の出やすさが同じだとすれば，表が出る確率は0.5です。したがって，コインを6回投げて6回とも表が出る確率は，

$$0.5 \times 0.5 \times 0.5 \times 0.5 \times 0.5 \times 0.5 = 0.0156\cdots$$（約1.6％）

【手順3】有意水準と確率を比べて判断する

有意水準というのは「ほとんど起こらない」と判断する基準（確率）です。したがって，有意水準5％は「起こる確率が5％以下ならほとんど起こらないことが起こっている」と解釈できます。

コインを6回投げて6回とも表が出る確率は1.6％だから5％以下です。したがって，帰無仮説を前提とした場合，ほとんど起こらないことが起こっているのです。そこで，確率計算の前提だった帰無仮説がおかしいのではないかと考え，帰無仮説を否定（棄却）して対立仮説「コインの表と裏の出やすさは異なる」と結論されます。

問題を解き終えたところで，【統計のツール15−1】を少し詳しくまとめます。

【統計のツール29−1】 検定

【手順1】帰無仮説と対立仮説を立てる
　帰無仮説：確かめたいことを否定する内容
　対立仮説：確かめたい内容
【手順2】帰無仮説を前提として確率を計算する
　帰無仮説を前提として実験した結果が起こる確率を求める。
【手順3】有意水準と確率を比較して判断する
　確率≦有意水準 なら帰無仮説を棄却して対立仮説が残る
　確率＞有意水準 なら帰無仮説は棄却されずにどちらも残る

問題29−1で「コインの表と裏の出やすさが異なる」を確かめたいのに，なぜ直接調べようとせずに帰無仮説「コインの表と裏の出やすさが同じ」を前提としたのかを確認しておきます。コインの表と裏の出やすさが異なるというだけでは，コインを投げたときに表や裏が出る確率がわからないからですね。そこで，コインの表と裏の出やすさが同じとすることで，表や裏が出る確率が0.5といったように確率がわかるのでした。だから帰無仮説を前提とするのでしたね。

問題 29－2

表と裏の出やすさが異なるのではないかと疑われるコインがある。このコインを5回投げたところ，表が4回出た。有意水準5％で，このコインは表と裏の出やすさが同じかどうか検定せよ。

【手順1】帰無仮説を立てる

帰無仮説は「コインの表と裏の出やすさは同じである」

対立仮説は「コインの表と裏の出やすさは異なる」

検定は帰無仮説を前提として次の確率を計算します。

【手順2】実際に起こったことの起こりやすさ（確率）を計算する

コインの表と裏の出やすさが同じだとして，確率を計算します。このとき「5回投げて4回表，1回裏が出る確率」だけではなく，「5回投げて5回とも表が出る確率」も求めることに注意してください。5回投げて表が4回出ることが「ほとんど起こらない」ならば，5回とも表が出ることも（もっと）「ほとんど起こらない」からです。

実際に確率を計算するときは【統計のツール17−3】を使います。

① コインを5回投げて4回表，1回裏が出る確率

$${}_5C_4 \times 0.5^4 \times 0.5 = 0.1562\cdots$$（約15.6％）

② コインを5回投げて5回とも表が出る確率

$$0.5 \times 0.5 \times 0.5 \times 0.5 \times 0.5 = 0.0312\cdots$$（約3.1％）

①，②より，$0.1562 + 0.0312 = 0.1874$（約18.7％）

【手順3】有意水準と確率を比べて判断する

確率18.7％は有意水準5％より大きいので，帰無仮説は棄却されない。

検定を行って帰無仮説が棄却される場合には結論もハッキリと出ますが，帰無仮説が棄却されない場合の結論は強い主張ができません。【問題 29−2】は帰無仮説が棄却されませんでしたが，これは帰無仮説が正しいことを意味するのではありません。「帰無仮説が正しい可能性がすてきれない」というだけで，帰無仮説が正しいかもしれませんし，対立仮説が正しいかもしれません。したがって，強い主張ができないのですね。

【2】 二項分布を正規分布で考える

コインを何回も投げるとき表が出る回数を x とします。この確率は反復試行の公式を使って計算されるので，【統計のツール 21−1】から，x の分布は二項分布です。グラフは左下のような山の形になるのでしたね。そして，【統計のツール 21−3】から，くり返す回数が多いとき，二項分布は正規分布に近づいていきました。このことから，次のテーマで使うツールが得られます。

【統計のツール 29−2】 二項分布の確率を正規分布で近似する

繰り返す回数 n，1 回あたりに起こる確率 p の二項分布は，n が大きいとき，

平均 $m = n \times p$

標準偏差 $\sigma = \sqrt{n \times p \times (1-p)}$

の正規分布で近似する（平均，標準偏差は二項分布の期待値，標準偏差）。

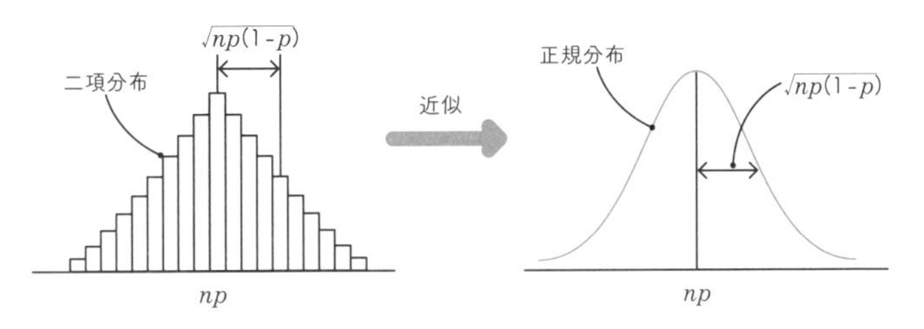

第5章 統計的な推測

テーマ

30 検定②

問題 30－1

全国規模の模擬試験で数学の平均点は 60 点，標準偏差は 12 点だった。A 高校の生徒の平均点は 63 点だった。このとき，A 高校の生徒の点数は平均点よりも上だったと言い切ってよいのかを有意水準 5 % で検定せよ。

【手順 1】帰無仮説を立てる

帰無仮説は「A 高校の平均点は 60 点に等しい」

対立仮説は「A 高校の平均点は 60 点ではない（高い）」

検定は帰無仮説を前提として次の確率を計算します。

【手順 2】実際に起こったことの起こりやすさ（確率）を計算する

帰無仮説を前提とするとき，「A 高校の平均点が 63 点だった」は起こりうるのかを判定するために確率を考えます。どのようにして確率を考えるのかというと，模擬試験の点数が正規分布だと考えて，標準化によって標準正規分布に変えます。標準正規分布は正規分布表によって確率を読み取ることができたので，それを利用します。

母平均 60 点，標準偏差 12 点であることを利用して，A 高校の平均点 60 点が標準正規分布ではどのような値になるかを計算します。標準正規分布における値を求める場合は，データから母平均を引いて標準偏差で割ればよいから，

$$z = \frac{\text{A 高校の平均} - \text{母平均}}{\text{標準偏差}} = \frac{63 - 60}{12} = 0.25$$

したがって，平均点 60 点は標準正規分布では 0.25 という値になります。ここで，次ページにまとめるツールを使います。

【統計のツール 30-1】 標準正規分布と有意水準５％

標準正規分布の確率変数 z について

- z が 1.96 以上の値をとる確率は約 2.5 %
- z が -1.96 以下の値をとる確率は約 2.5 %
- z が -1.96 以下または 1.96 以上の値をとる確率は約 5 %

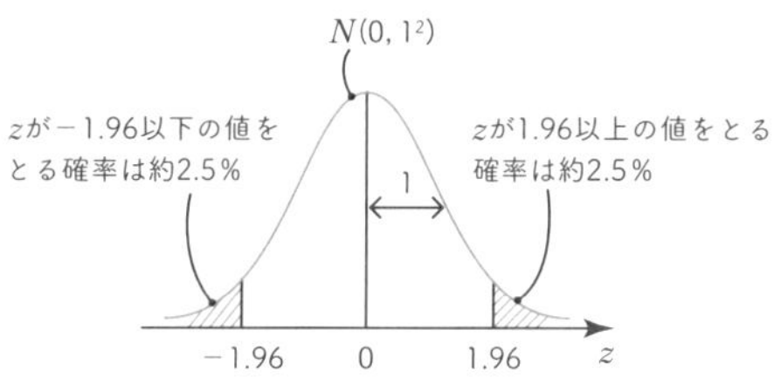

このツールを使えば，例えば「$z=2$」は 1.96 以上の値（図の斜線部分にある）なので，「z が 2 になる確率は 2.5 %以下（5 %以下）」と読み取れます。逆に -1.96 と 1.96 の間の値をとる確率は約 95 %です。そこで，斜線部分を棄却域，斜線以外の部分を採択域といいます。

この問題では $z=0.25$ なので，上の図の斜線部分にはなく起こる確率は 5 %以下ではないことが読み取れます。このように具体的な確率の値を求めることはできないですが，標準正規分布を使えば，結果がほとんど起こらないことかどうかを判定する程度の情報は得られます。

【手順３】有意水準と確率を比べて判断する

$z=0.25$ となる確率は 5 %以下ではないので，帰無仮説は棄却されません。つまり，A 高校の平均点は全国平均よりも高いとはいえないことがわかります。

問題 30－2

表と裏の出やすさが異なるのではないかと疑われるコインがある。このコインを100回投げたところ，表が60回出た。有意水準5％で，このコインは表と裏の出やすさが同じかどうか検定せよ。

【手順1】帰無仮説を立てる

帰無仮説は「コインの表と裏の出やすさは同じである」

対立仮説は「コインの表と裏の出やすさは異なる」

検定は帰無仮説を前提として次の確率を計算します。

【手順2】実際に起こったことの起こりやすさ（確率）を計算する

コインの表と裏の出やすさが同じだとして，確率を計算します。求める確率は「コインを投げて表が60回以上出る確率」です。この場合，反復試行の確率の公式を使って計算しようとすれば，

・コインを100回投げて表が60回出る確率

・コインを100回投げて表が61回出る確率

⋮

・コインを100回投げて表が100回出る確率

をすべて求めて加えますが，この計算は大変です。そこで，【統計のツール29−2】を使って正規分布で考えます。あとは【問題30−1】と同様にして，正規分布を標準化して標準正規分布で考えることができます。

標準化するために平均と標準偏差を求めます。コインを投げて表が出る確率は0.5，投げる回数は100なので，

平均 $m = n \times p = 100 \times 0.5 = 50$

標準偏差 $\sigma = \sqrt{n \times p \times (1-p)} = \sqrt{100 \times 0.5 \times 0.5} = 5$

よって，【統計のツール29−2】から，コインを投げて表が出るか裏が出るかという二項分布を，平均 $m=50$，標準偏差 $\sigma=5$ の正規分布で近似して考えることができます。

100回投げた実験では表が60回出ました。この60回は標準正規分布ではどのような値になるかを計算すると，

$$z=\frac{\text{実験結果の平均}-\text{母平均}}{\text{標準偏差}}=\frac{60-50}{5}=2$$

したがって，「コインを100投げたとき表が60回以上出る確率」は「標準正規分布において z が2以上の値をとる確率」です。その確率を【統計のツール30−1】で考えると，$z \geqq 2$ となるのは棄却域（斜線部分）です。このことから，z が2以上の値をとる確率は5％以下であることがわかります。

【手順3】有意水準と確率を比べて判断する

帰無仮説「コインの表と裏の出やすさは同じである」を前提とすると，「コインを100投げたとき表が60回以上出る確率」は5％以下になりました。有意水準は5％なので，ほとんど起こらないことが起きてしまっているわけです。これは，前提とした帰無仮説がおかしいのではないかと考えて，帰無仮説を棄却します。つまり，対立仮説が残るので，コインの表と裏の出やすさは異なるといえました。

以上が高校範囲の統計の内容（データの分析，確率分布と統計的な推測）です。本書を教科書の内容を理解するために利用した方もいるでしょう。また，受験用に利用した方もいるでしょう。しかし，それだけではなく，少々大げさないい方になりますが，これから不確実なことで複雑になっていく世の中を生きていく場合には，統計を用いて状況を把握したり，予測することが大切になってきます。本書が高校範囲を超えた統計の学習の基礎に役立てば著者として本望です。

【著者紹介】
佐々木　隆宏（ささき・たかひろ）

◉——茨城キリスト教大学 准教授。代々木ゼミナール数学科講師（衛星放送授業，教員研修，代ゼミTVネットを担当），駿台予備学校数学科講師，複数の大学の非常勤講師を経て現職。

◉——東京理科大学大学院理学研究科科学教育専攻博士後期課程単位取得満期退学。数学教育学会会員，日本数学教育学会会員，日本保育者養成教育学会会員。専門は数学教育学（教材開発論，統計教育）。

◉——著書に『佐々木隆宏の数学Ⅰ「データの分析」が面白いほどわかる本』『流れるようにわかる統計学』（いずれもKADOKAWA），『体系数学Ⅰ・A』『体系数学Ⅱ・B』（いずれも教学社）など多数。

データの分析と統計的な推測が1冊でしっかりわかる本

2021年9月2日　第1刷発行
2024年4月9日　第3刷発行

著　者——佐々木　隆宏
発行者——齊藤　龍男
発行所——株式会社かんき出版
東京都千代田区麴町4-1-4 西脇ビル　〒102-0083
電話　営業部：03(3262)8011㈹　編集部：03(3262)8012㈹
FAX　03(3234)4421　振替　00100-2-62304
https://kanki-pub.co.jp/
印刷所——大日本印刷株式会社

ISBN978-4-7612-3044-9 C7041